得从业者之心　顺行业发展之势

　　本书中我们重点推出《一级建造师注册实施〔办法〕和《注册建造师管理规定>》(以下简称《办法》和《规定》)。

　　我们知道,建设部从 1994 年就开始研究建立〔建造师执业资格制度的〕必要性、可行性进行了长期的充分论证。

　　经过全行业上下这十余年深入细致的工作,广大从业者盼望已久的《一级建造师注册实施办法》和《注册建造师管理规定》出台。《办法》和《规定》是我国建造师注册、执业、继续教育和对注册建造师执业行为监管的依据。她的发布标志着我国建造师执业资格制度框架体系基本确立,也为建造师执业标准体系的建立奠定了基础。

　　去年年底《注册建造师管理规定》颁布以后,我们邀请有关权威人士撰写了《解读<注册建造师管理规定>》(以下简称《解读》)。《解读》就注册建造师管理体制、注册、执业、继续教育和监督管理等方面进行政策性解读,从"公开、公平、公正、便民、高效"的原则方面对《规定》进行辨析,从几个方面对《规定》)进行比较深入地研究,相信对于全国各地、各行业有关管理部门及业内人士深入理解《规定》有深远的意义。

　　由广州市政府和中国工程院联合主办的"中国工程管理论坛2007·广州"是首届全国性工程管理论坛。我们推出了黄卫副部长就中国工程建设和建筑业发展形势做的精彩报告,同时推出论坛全体代表通过的"共识和建议"。

　　我们还重点对一些工程案例和管理探索作了介绍。"美国工程承包投标中的问题"一文对我国建筑企业在国际市场参与竞争有一定的借鉴、参考价值。浙江城建阿尔及利亚住房项目关于劳务管理的探讨,颇有新意。我国企业走出国门,促进了国际劳务市场的需求和扩大,对劳务人员素质以及劳务管理的水平也提出了更高的要求。因此,劳务管理在新世纪已经成为工程总承包企业的四大基本业务。在此内涵下,劳务管理就不再仅仅是管理工人,而是要与企业发展战略、市场战略、企业经营理念、成本控制等紧密联系,相互支撑的系统业务。

　　我们希望在管理和工程一线工作的同志,多写一些工程实践中的切身体会和经验类文章。《建造师》丛书发行以来,受到了业内同仁特别是广大建造师的欢迎。这其中的重要原因,不是我们这本书做得如何好,而是注册建造师执业资格制度得从业者之心,顺行业发展之势。我们还希望有关部门和广大建造师,能把《办法》和《规定》颁布以后的工作经验和体会及时地反馈给我们,我们愿意与大家一道,把《办法》和《规定》宣传好、贯彻好、实施好。

图书在版编目(CIP)数据

建造师 5/《建造师》编委会编. — 北京：
中国建筑工业出版社，2007
ISBN 978-7-112-09278-9

Ⅰ.建... Ⅱ.建... Ⅲ.建造师 — 资格考核—
自学参考资料 Ⅳ.TU

中国版本图书馆 CIP 数据核字(2007)第060312 号

主　编:李春敏
副 主 编:董子华
特邀编辑:杨智慧　魏智成　白　俊

《建造师》编辑部
地址:北京百万庄中国建筑工业出版社
邮编:100037
电话:(010)68339774
传真:(010)68339774
E-mail:jzs_bjb@126.com

建造师 5
《建造师》编委会编
*
中国建筑工业出版社出版、发行(北京西郊百万庄)
新华书店经销
世界知识印刷厂印刷
北京朗曼新彩图文设计有限公司排版
*
广告经营许可证:京海工商广字第 0362 号
开本:787×1092 毫米　1/16　印张:7½ 字数:250 千字
2007 年 4 月第一版　　2007 年 4 月第一次印刷
定价:15.00 元

ISBN 978-7-112-09278-9
(15942)

本社书籍可通过以下联系方法购买：

本社地址：北京西郊百万庄

邮政编码：100037

发行部电话：(010)58934816

传真：(010)68344279

邮购咨询电话：

(010)88369855 或 88369877

《建造师》顾问委员会及编委会

一级建造师注册实施办法

一、注册管理体制

第一条 为规范一级建造师注册管理工作,依据《行政许可法》、《注册建造师管理规定》(建设部令第153号)和相关法律法规,制定本实施办法。

第二条 中华人民共和国境内一级建造师注册管理适用本实施办法。

第三条 国务院建设主管部门(以下称建设部)为一级建造师注册机关,负责一级建造师注册审批工作。

省、自治区、直辖市人民政府建设主管部门(以下简称省级建设主管部门),负责本行政区域内一级建造师注册申请受理、初审工作。

国务院铁路、交通、水利、信息产业、民航部门负责全国铁路、公路、港口与航道、水利水电、通信与广电、民航专业一级建造师注册审核工作。

二、注册申报程序

第四条 申请人申请注册前,应当受聘于一个具有建设工程施工或勘察、设计、监理、招标代理、造价咨询资质的企业,与聘用企业依法签订聘用劳动合同。申请人向聘用企业如实提供有关申请材料并对内容真实性负责,通过聘用企业向企业工商注册所在地省级建设主管部门提出注册申请。

第五条 注册申请实行网上和书面相结合的申报方式。申请人应当在中国建造师网 (网址:http://www.coc.gov.cn)上进行填报,网上申报成功后自动生成打印所需申请表。

第六条 注册申请包括初始注册、延续注册、变更注册、增项注册、注销注册和重新注册。注册建造师因遗失或污损注册证书、执业印章的,可申请补办或更换。

第七条 初始注册

申请人自资格证书签发之日起3年内可申请初始注册。逾期未申请者应当提供相应专业继续教育证明,其学习内容应当符合建设部关于注册建造师继续教育的规定。

申请初始注册的,申请人应当提交下列材料:

(一)《一级建造师初始注册申请表》(附表1-1);

(二)资格证书、学历证书和身份证明复印件;

(三)申请人与聘用企业签订的聘用劳动合同复印件或申请人所在企业出具的劳动、人事、工资关系证明;

(四)逾期申请初始注册的,应当提供达到继续教育要求证明材料复印件。

申报材料由申请表和(二)、(三)、(四)部分合订后的材料附件组成。

聘用企业将《企业一级建造师初始注册申请汇总表》(附表1-2)和申请人的申请表、材料附件报省级建设主管部门。其中,申请建筑、市政、矿业、机电专业注册的,应当提交申请表一式二份和材料附件一式一份;申请铁路、公路、港口与航道、水利水电、通信与广电、民航专业注册的,应当提交申请表一式三份和材料附件一式二份;申请铁路、公路、港口与航道、水利水电、通信与广电、民航专业增项注册的,每增加一个专业应当增加申请表一式一份和材料附件一式一份。

省级建设主管部门将《省级建设主管部门一级建造师初始注册初审意见表》(附表1-3)、《省级建设主管部门一级建造师初始注册初审汇总表 (企业申请人)》(附表1-4)、《省级建设主管部门一级建造师初始注册初审汇总表(专业)》(附表1-5)和申请人的申请表、材料附件报建设部。其中,申请建筑、市政、矿业、机电专业注册的,应当提交申请表一式一份;申请铁路、公路、港口与航道、水利水电、通信与广电、民航专业注册的,应当提交申请表一式二份和材料附件一式一份;申请铁路、公路、港口与航道、水利水电、通信与广电、民航专业增项注册的,每增加一个专业应当增加申请表一式一份和材料附件一式一份。材料报送按《省级建设主管部门一级建造师注册申请材料报送目录》(附表1-6)要求办理。

涉及铁路、公路、港口与航道、水利水电、通信与广电、民航专业申请注册的,建设部将申请人的申请表一式一份和材料附件一式一份送国务院有关专业部门。

国务院有关专业部门对申请人的申报材料进行审核,并填写《国务院有关部门一级建造师初始注册审核意见表》(附表1-7),连同按企业申请人汇总后生成的《国务院有关部门一级建造师初始注册审核汇总表》(附表1-8)移送建设部。

第八条 延续注册

注册有效期满需继续执业的,应当在注册有效期届满30日前,按照《注册建造师管理规定》第七条、第八条的规定申请延续注册。延续注册的有效期为3年。

申请延续注册的,申请人应当提交下列材料:

(一)《一级注册建造师延续注册申请表》(附表2-1);

(二)原注册证书;

(三)申请人与聘用企业签订的聘用劳动合同或申请人聘用企业出具的劳动、人事、工资关系证明;

(四)申请人注册有效期内达到继续教育要求证明材料复印件。

申报程序和材料份数按初始注册要求办理。

第九条 变更注册

在注册有效期内,发生下列情形的,应当及时申请变更注册。变更注册后,有效期执行原注册证书的有效期。

1、执业企业变更的;

2、所在聘用企业名称变更的;

3、注册建造师姓名变更的。

申请变更注册的,申请人应当提交下列材料:

(一)《一级注册建造师变更注册申请表》(附表3-1);

(二)注册证书原件和执业印章;

(三)执业企业变更的,应当提供申请人与新聘用企业签订的聘用劳动合同,或申请人聘用企业出具的劳动、人事、工资关系证明,以及工作调动证明复印件(与原聘用企业解除聘用合同或聘用合同到

期的证明文件、退休人员的退休证明);

(四)申请人所在聘用企业名称发生变更的,应当提供变更后的《企业法人营业执照》复印件和企业所在地工商行政主管部门出具的企业名称变更函复印件。

(五)注册建造师姓名变更的,应当提供变更后的身份证明原件或公安机关户籍管理部门出具的有效证明。

第十条 增项注册

注册建造师取得相应专业资格证书可申请增项注册。取得增项专业资格证书超过3年未注册的,应当提供该专业最近一个注册有效期继续教育学习证明。准予增项注册后,原专业注册有效截止日期保持不变。

申请增项注册的,申请人应当提交下列材料:

(一)《一级注册建造师增项注册申请表》(附表4-1);

(二)增项专业资格考试合格证明复印件;

(三)注册证书原件和执业印章;

(四)增项专业达到继续教育要求证明材料复印件。

申报程序和材料份数按初始注册要求办理。

第十一条 注销注册

注册建造师有《注册建造师管理规定》第十七条所列情形之一的,由省级建设主管部门办理注销手续。

申请人或其聘用的企业,应当提供下列材料:

(一)《一级注册建造师注销注册申请表》(附表5-1);

(二)注册证书原件和执业印章;

(三)符合《注册建造师管理规定》第十七条所列情形之一的证明复印件。

注册建造师本人和聘用企业应当及时向省级建设主管部门提出注销注册申请;有关单位和个人有权向注册机关举报;县级以上地方人民政府建设主管部门或者有关部门应当及时告知注册机关。

第十二条 重新注册

建造师注销注册或者不予注册的,在重新具备注册条件后,可申请重新注册,重新注册按初始注册要求办理。

申请重新注册的,申请人应当提交下列材料:

（一）《一级建造师重新注册申请表》（附表6-1）；

（二）资格证书、学历证书和身份证明复印件；

（三）申请人与聘用企业签订的聘用劳动合同复印件或聘用企业出具的劳动、人事、工资关系证明；

（四）达到继续教育要求证明材料复印件。

申报程序和材料份数按初始注册要求办理。

第十三条 注册证书、执业印章遗失补办

注册建造师因遗失注册证书、执业印章的，应当向省级建设主管部门申请补办，并提交下列材料：

（一）《一级注册建造师注册证书、执业印章遗失补办或污损更换申请表》（附表7-1）；

（二）身份证明复印件；

（三）省级以上报纸刊登的遗失声明原件。

第十四条 注册证书、执业印章污损更换

注册证书、执业印章污损的，可向省级建设主管部门申请更换，并提交下列材料：

（一）《一级注册建造师注册证书、执业印章遗失补办或污损更换申请表》；

（二）身份证明复印件；

（三）污损的注册证书原件、执业印章。

第十五条 取得一级建造师资格证书的人员，可对应下述专业申请注册：建筑工程、公路工程、铁路工程、民航工程、港口与航道工程、水利水电工程、市政公用工程、通信与广电工程、矿业工程、机电工程。

资格证书所注专业为房屋建筑工程、装饰装修工程的，按建筑工程专业申请注册；资格证书所注专业为矿山工程的按矿业工程专业申请注册；资格证书所注专业为冶炼工程的，可选矿业工程或机电工程之中的一个专业申请注册；资格证书所注专业为电力工程、石油化工工程、机电安装工程的，按机电工程专业申请注册。

三、受理和初审

第十六条 省级建设主管部门应当参照《建设部机关实施行政许可工作规程》（建法〔2004〕111号）规定，进行一级建造师注册申请的受理、初审工作，注册申请受理和初审工作不得由同一人办理，确保程序合法，行为规范。

第十七条 省级建设主管部门按照初始注册、延续注册、变更注册、增项注册、重新注册、遗失补办、污损更换和注销注册有关规定，对注册申请人材料的完整性进行查验。申请材料存在可以当场更正错误的，应当允许申请人当场更正。

申请注册材料齐全、符合规定的法定形式，或者申请人按要求提交全部补正申请材料的，应当受理申请人的注册申请，并向申请人出具《行政许可受理通知书》。

申请材料不符合本规定或材料不齐全，应当当场或者在5日内向申请人出具《行政许可补正有关材料通知书》，一次性告知申请人需要补齐、补正的全部内容，并将申请材料退回申请人。逾期不告知的，自收到申请注册材料之日起即为受理。

申请人有下列情形之一的，不予受理或不予注册：

（一）不具有完全民事行为能力的；

（二）申请在两个或者两个以上企业注册的；

（三）未达到注册建造师继续教育要求的；

（四）受到刑事处罚，刑事处罚尚未执行完毕的；

（五）因执业活动受到刑事处罚，自刑事处罚执行完毕之日起至申请注册之日止不满5年的；

（六）因前项规定以外的原因受到刑事处罚，自处罚决定之日起至申请注册之日止不满3年的；

（七）被吊销注册证书，自处罚决定之日起至申请注册之日止不满2年的；

（八）在申请注册之日前3年内担任施工企业项目负责人期间，所负责项目发生过重大质量和安全事故的；

（九）申请人的聘用企业不符合注册企业要求的；

（十）年龄超过65周岁的；

（十一）法律、法规规定不予注册的其他情形。

第十八条 省级建设主管部门对申请人的申报材料进行初审，认真核对资格证书、学历证书、身份证明、继续教育证明和聘用合同原件与复印件是否一致，按规定填写初审意见。

第十九条 省级建设主管部门对申请初始注册、重新注册、增项注册，应当自受理申请之日起，20日内对申请人注册条件和申报材料进行审查，并作出书面初审意见；对申请延续注册的，应当自受理申请之日起，5日内对申请人注册条件和申报材料进行

审查,并作出书面初审意见。初审意见为不同意的需说明理由。

第二十条 军队系统取得一级建造师资格证书人员申请注册,由总后基建营房部负责受理和初审,其材料报送程序和初审要求,比照省级建设主管部门职责范围执行。

四、审核与审批

第二十一条 对申请初始注册、重新注册、增项注册的,建设部收到初审意见后,20日内审批完毕并作出书面决定,审批结果向社会公告。建设部审批时不再组织专家复审,仅对申请人重复注册、举报情况进行核实。国务院铁路、交通、水利、信息产业、民航等专业部门,应当自收到全部注册申请材料之日起,在10日内审核完毕,作出书面审核意见汇总后移送建设部。建设部应将审核意见结果汇总后向社会公示10日,公示无异议的,准予注册。

第二十二条 对申请变更注册、注销注册,注册证书、执业印章遗失补办或污损更换的,建设部委托省级建设主管部门负责办理,5日内办结。

省级建设主管部门负责执业企业、企业名称和注册建造师姓名变更,审查合格的,在注册证书变更注册记录栏进行登记。跨省变更的,由注册建造师提出变更申请,通过原聘用企业报原省级建设主管部门同意后,由调入地省级建设主管部门审查办理。办结10日内将《省级建设主管部门一级注册建造师变更注册审批汇总表》(附表3-3)报建设部备案。

省级建设主管部门负责注销注册办理,销毁收回的注册证书、执业印章,办结10日内将《省级建设主管部门一级注册建造师注销注册汇总表》(附表5-2)报建设部备案,建设部在中国建造师网上公告注册证书和执业印章注销情况。

省级建设主管部门负责注册证书、执业印章遗失补办或污损更换,销毁更换收回的注册证书、执业印章,办结10日内将《省级建设主管部门一级注册建造师注册证书、执业印章补办或更换汇总表》(附表7-2)报建设部备案。建设部在中国建造师网上公告注册证书、执业印章补办或更换情况。

第二十三条 对申请延续注册的,建设部收到初审意见后,10日内审批完毕并作出书面决定,审批结果向社会公告。建设部审批时不再组织专家进行复审,仅对申请人重复注册、举报情况进行核实。国务院铁路、交通、水利、信息产业、民航等专业部门应自收到全部注册申报材料之日起,5日内审核完毕,作出书面审核意见汇总后移送建设部。建设部将审核结果汇总后向社会公示10日,公示无异议的,准予注册。审批日期为注册证书签发日期,注册证书自签发之日起有效期3年,执业印章与注册证书有效期相同。

第二十四条 建设部自公告发布之日起10日内,向准予注册的申请人核发《中华人民共和国一级建造师注册证书》,省级建设主管部门负责在注册证书照片上加盖骑缝钢印;经审批同意延续注册、增项注册、注销注册的,省级建设主管部门在注册证书内页加贴建设部统一印制的防伪贴,并加盖骑缝印章。

经审批同意初始注册、延续注册、增项注册、重新注册的,省级建设主管部门负责注册证书、执业印章统一编号后发放,办结10日内将《省级建设主管部门发放一级建造师注册证书、执业印章汇总表》(附表1-9)报建设部备案。

五、注册证书和执业印章

第二十五条 注册证书

注册证书采用墨绿纸制材料,形状为长方形,长124mm,宽87mm,由建设部统一印制。

(一)注册证书采用两种编号体系。注册编号由一个汉字和12位阿拉伯数字组成,证书编号为全国注册证书印制流水号;

(二)注册编号规则适用于一级注册建造师和二级注册建造师的注册编号。注册编号的汉字和各组数字的含义为:

1.编号首位汉字表示现注册省份简称,如:北京为"京"。总后基建营房部简称"军";

2.第2位表示注册建造师级别,一级为1,二级为2;

3. 第3、4位表示初始注册时受聘企业所在地省级行政区划代码,如北京为"11"、湖北为"42"等。总后基建营房部代码为99;

4.第5、6位表示取得资格证书年份,如2005年取得资格证书的,表示为"05";

5.第7、8位表示初始注册年份,如2007年初始注册的,表示为"07";

6.第9-13位表示初始注册时,申请人在注册申请地省级注册流水号,如第1个表示为"00001"。

例如:京111050700001,表示该注册建造师的现注册地是北京,级别是一级,首次注册地是北京,资格证书为2005年取得,首次注册年份为2007年,首次注册时流水号是00001。

(三)注册编号首位汉字代表当期注册地,其它数字编号一经注册不得改变。延续注册、变更注册和重新注册的,编号首位汉字随注册省份改变而改变,数字编号仍沿用初始注册时编号。

(四)注册证书的注册编号与执业印章的注册编号相同。

第二十六条 执业印章

(一)执业印章式样

执业印章式样如下图:

1.印章形式为同心双椭圆。规格分别为:外圆长轴50mm、短轴36mm,内圆长轴36mm、短轴22mm,印模颜色为深蓝色。

2.执业印章按样章的规格、形式制作,并依次标示:

(1)"中华人民共和国一级注册建造师执业印章",宋体、字高4mm;

(2)印章持有人姓名,中隶书、字高4mm;

(3)注册编号与印章校验码,宋体、字高3.5mm;

(4)注册专业,宋体、字高3mm;

(5)执业印章有效期截止日期,宋体、字高2.5mm;

(6)聘用企业名称,宋体、字高4mm。

3."京111050700001(02)"中,"京111050700001"为注册编号,02为印章校验码。

4.样章中"2010.09.07"表示印章有效截止日期是2010年9月7日。

(二)执业印章校验码

印章校验码由2位阿拉伯数字组成,表示印章遗失作废后补办印章的累计次数。初始注册时校验码为00,第1次补办为01,最多次数为99。

(三)注册专业简称

建筑工程专业简称"建筑",公路工程专业简称"公路",铁路工程专业简称"铁路",民航工程专业简称"民航",港口与航道工程专业简称"港航",水利水电工程专业简称"水利",市政公用工程专业简称"市政",通信广电工程专业简称"通信",矿业工程专业简称"矿业",机电工程专业简称"机电"。各专业简称之间由一个空格" "连接,表示有多个注册专业,如"建筑公路"表示建筑工程专业、公路工程专业。

(四)无论申请人注册一个专业还是多个专业,只能核发一本注册证书和一枚执业印章。

(五)注册多个专业,由于专业增项注册、延续注册、注销注册导致专业之间注册有效截止日期不同的,执业印章有效截止日期为注册有效期最早截止专业的日期。

六、其他

第二十七条 一级建造师注册后,在领取注册证书和执业印章时,应当同时向申请地省级建设主管部门交回原建筑业企业一级项目经理资质证书,省级建设主管部门负责证书销毁并报建设部备案。

第二十八条 建设部不收取一级建造师注册费和注册证书费。省级建设主管部门在注册工作中发生的相关费用,请商同级有关主管部门解决。印章制作费标准请省级建设主管部门报省级物价管理部门核定。

第二十九条 二级建造师注册管理

二级建造师申请注册,由省级建设主管部门负责受理和审批,具体审批程序由省级人民政府建设主管部门参照本实施办法制定。对批准注册的,核发由建设部统一样式的《中华人民共和国二级建造师注册证书》和执业印章,并在核发证书后30日内报建设部备案。

第三十条 本实施办法由建设部负责解释。

第三十一条 本办法自公布之日起执行。

一级建造师初始注册申请表(1-1)

编号：_____

姓名		性别		出生年月			民族		近期一寸免冠彩照
身份证明		身份证□		军官证□		警官证□		照□	
证号									
毕业院校					所学专业				
毕业(肄、结)时间				学历			学位		
手机号码				联系电话			电子邮箱		

聘用企业情况	企业名称						企业性质		
	工商注册地						法定代表人		
	通讯地址			邮政编码			联系人	联系电话	
	企业类型	施工□		勘察□	设计□	监理□	招标代理□	造价咨询□	
	企业资质类别			资质等级		资质证书编号			

一级建造师资格证书专业类别	取得方式	证书编号	签发日期	申请注册专业	继续教育情况(逾期注册时)	
					必修课(学时)	选修课(学时)
			年 月 日			

一级建造师资格考试合格专业类别	考试合格证明编号	签发日期	申请注册专业	继续教育情况(逾期注册时)	
				必修课(学时)	必修课(学时)
		年 月 日			
		年 月 日			
		年 月 日			
		年 月 日			
		年 月 日			

建筑业企业项目经理资质证书情况	资质证书级别	资质证书编号

其它注册情况	注册证书名称	
	证书编号	

不予注册情形	有《一级建造师注册实施办法》第十七条(一)、(二)、(三)、(四)、(五)、(六)、(七)、(八)、(九)、(十)、(十一)规定不予注册情形之一。

	本人对申请表内容及申报附件材料的真实性负责，如有虚假，愿承担由此产生的一切法律后果。 申请人(签字)：　　　　　　　　　　　　　　　　　年 月 日
聘用企业意见	我单位聘用的_____同志，聘用合同期自_____年___月___日至_____年___月___日，其申报材料真实，同意该同志申报初始注册。 负责人(签名)：　　　　　　(企业公章)　　　年 月 日

工程业绩情况 (1-1)

项目名称	规模	工作内容	担任职务	起止时间

填表说明

一、本申请表由网上申报成功后自动生成后打印。

二、有关审查意见和签名一律使用钢笔或签字笔,字迹要求工整清晰。

三、"省级建设主管部门"指申请人聘用企业工商注册所在地省、自治区、直辖市建设主管部门。

四、"身份证明"优先使用个人身份证。按国家规定,没有身份证人员可使用军官证、警官证,港、澳、台及外籍人士可使用护照。

五、"企业资质类别"是指申请人所在施工、勘察、设计、监理、招标代理、造价咨询企业主项资质及等级。

六、"一级建造师资格证书专业类别"、"取得方式"是指申请人通过考试或考核认定取得的一级建造师资格证书所注明的专业类别。

七、"一级建造师资格考试合格专业类别"、"考试合格证明"是指申请人取得一级建造师资格证书后又取得其它专业考试合格证明上所注明的专业。

八、"申请注册专业"是指申请人本次申请注册的专业,按《一级建造师注册实施办法》第十五条规定的十个工程专业类别的简称填写(申请注册专业与企业资质类别没有必然的对应关系)。

九、"继续教育情况"是指取得一级建造师资格证书逾期申请初始注册,申请人参加规定的必修课和选修课学习的情况,必修课和选修课完成学时按规定记录、认可的学习内容所对应学时的合计值填写,并应提供相应的复印件;对于取得一级建造师资格证书 3 年内申请初始注册的申请人,本栏可不填写。

十、"其它注册情况"栏中"注册证书名称、证书编号"是指取得国家规定的注册建筑师、注册规划师、注册工程师、注册监理工程师、注册造价工程师等注册证书名称和证书编号。

十一、拥有建筑业企业项目经理资质证书的申请人应当填写"原建筑业企业项目经理资质证书拥有情况"栏目。

十一、"不予注册情形"指《一级建造师注册实施办法》第十七条所列的情形之一,如有可在相应的数字上打上"ü"。

十二、"工程业绩情况",栏中"规模"可按批准的建设文件明确的工程投资、面积和长度数量指标、专业工程等级或申请人工作涉及的工程范围、工程造价等内容填写;"工作内容"应填写申请人所承担的业务工作性质、所从事的专业工程或工程管理工作等;"担任职务"是指申请人在该项目中的工作岗位;"起止时间"应按申请人在项目中所"担任职务"的开始和结束年月填写。本栏填写要求突出要点、言简意赅,尽量在规定的栏目中填写,如确实填写不下,可另加附页。

十三、各类证书原件的复印件、证明材料应真实、清晰、简要,表格和附加材料统一使用 A4 纸。

企业一级建造师初始注册申请汇总表 (1-2)

企业名称: 　　　　　企业类型: 　　　　　申报时间: 　　年　　月　　日

序号	姓名	身份证件编号	申请专业	资格证书或考试合格证明		企业核查意见	备注
				取得时间	编号		

申请人数总计:＿＿＿＿＿＿人　　　　申请专业总计:＿＿＿＿＿＿人次

制表人(签字): 　　　　企业负责人(签字): 　　　　(企业公章)

省级建设主管部门一级建造师初始注册初审意见表(1–3)

编号：＿＿＿＿＿＿＿

姓名			聘用企业名称		资格证书专业类别		资格证书编号	

序号	审查内容		初审情况		审 查 依 据
			审查结果	不符合要求的情形	
(一)	申请表	注册企业是否符合要求			一、有下列情形之一的,不予注册: (一)不具有完全民事行为能力的; (二)申请在两个或者两个以上企业注册的; (三)未达到注册建造师继续教育要求的; (四)受到刑事处罚,刑事处罚尚未执行完毕的; (五)因执业活动受到刑事处罚,自刑事处罚执行完毕之日起至申请注册之日止不满5年的; (六)因前项规定以外的原因受到刑事处罚,自处罚决定之日起至申请注册之日止不满3年的; (七)被吊销注册证书,自处罚决定之日起至申请注册之日止不满2年的; (八)在申请注册之日前3年内担任项目经理期间,所负责项目发生过重大质量和安全事故的; (九)申请人的聘用企业不符合注册企业要求的; (十)年龄超过65周岁的; (十一)法律、法规规定不予注册的其他情形。 二、《一级建造师注册实施办法》第七条规定需申报材料附件。 (十二)资格证书复印件; (十三)学历证书复印件; (十四)身份证明复印件; (十五)申请人与聘用企业签订的聘用劳动合同复印件或申请人聘用企业出具的劳动、人事、工资关系证明; (十六)逾期申请初始注册的,应当提供达到继续教育要求证明材料复印件。
		注册省份是否符合要求			
		是否有不予注册情形			
(二)	申请注册专业资格证书以及考试合格证明复印件				
	学历证书复印件				
	身份证明复印件				
(三)	聘用劳动合同复印件或其它证明材料				
(四)	继续教育证明材料复印件				
(五)	初 审 结 论		(一)同意申报下列注册专业: 1、＿＿＿＿专业;2、＿＿＿＿专业;3、＿＿＿＿专业;4、＿＿＿＿专业。 (二)不同意申报下列注册专业: 1、＿＿＿＿专业,原因＿＿＿＿＿＿＿＿＿; 2、＿＿＿＿专业,原因＿＿＿＿＿＿＿＿＿; 3、＿＿＿＿专业,原因＿＿＿＿＿＿＿＿＿; 4、＿＿＿＿专业,原因＿＿＿＿＿＿＿＿＿。 审查人(签名):　　　　　　　　　　省级建设主管部门全称 　　　　　　　　　　　　　　　　(加盖省级建设主管部门公章) 　　　　　　　　　　　　　　　　年　　月　　日		
(六)	备　　注				

省级建设主管部门一级建造师初始注册初审汇总表(企业申请人)(1-4)

省级建设主管部门(公章):　　　　　　　　　　　　　　　　申报时间:　　　年　　　月　　　日

序号	姓名	企业名称	身份证明编号	申请专业	资格证书或考试合格证明		初审意见	不同意申报理由	备注
					取得时间	编号			
合计	_____工程专业申报总人数:_____人;同意申报:_____人;不同意申报:_____人; …… _____工程专业申报总人数:_____人;同意申报:_____人;不同意申报:_____人。								

制表人(签字):　　　　年　　月　　日　　　　　　　　　负责人(签字):　　　　年　　月　　日

省级建设主管部门一级建造师初始注册初审汇总表(专业)(1-5)

省级建设主管部门(公章):　　　　　　　　　　　　　　　　专业:

序号	姓名	企业名称	身份证明编号	资格证书或考试合格证明		初审意见	不同意申报理由	备注
				取得时间	编号			
合计	_____工程专业申报总人数:_____人;同意申报:_____人;不同意申报:_____人。							

制表人(签字):　　年　　月　　日　　　　　　　　　　负责人(签字):　　年　　月　　日

省级建设主管部门一级建造师注册申请材料报送目录(1-6)

报送材料编号	材料名称	装订要求	备注
1-6-1	《省级建设主管部门一级建造师初始注册初审汇总表(企业申请人)》	单独装订成册并加材料封面。有分册的,需按汇总表的顺序进行分册装订。 材料封面需标示: 1、材料名称:省级建设主管部门一级建造师初始注册初审汇总表(企业申请人) 2、材料编号:1-6-1,共_____册,第_____册 3、报送省份、报送时间	
1-6-2	《省级建设主管部门一级建造师初始注册初审汇总表(专业)》	单独装订成册并加材料封面。有分册的,需按汇总表的顺序进行分册装订。 材料封面需标示: 1、材料名称:省级建设主管部门一级建造师初始注册初审汇总表(专业) 2、材料编号:1-6-2,共_____册,第_____册 3、报送省份、报送时间	
1-6-3	省级建设主管部门初审材料	1、将每个申请人的一份注册申请表和该申请人的《省级建设主管部门一级建造师初始注册初审意见表》合订; 2、合订后的材料按汇总表1-6-1中企业申请人顺序进行打包。	
1-6-4	铁路专业的个人申报材料	1、将申请人的申请表一式一份和材料附件一式一份合订; 2、合订后申请人的材料按汇总表1-6-2中铁路专业申请人的顺序进行打包。	
1-6-5	公路专业的个人申报材料	1、将申请人的申请表一式一份和材料附件一式一份合订; 2、合订后申请人的材料按汇总表1-6-2中公路专业申请人的顺序进行打包。	
1-6-6	港口与航道专业的个人申报材料	1、将申请人的申请表一式一份和材料附件一式一份合订; 2、合订后申请人的材料按汇总表1-6-2中港口与航道专业申请人的顺序进行打包。	
1-6-7	水利水电专业的个人申报材料	1、将申请人的申请表一式一份和材料附件一式一份合订; 2、合订后申请人的材料按汇总表1-6-2中水利水电专业申请人的顺序进行打包。	
1-6-8	通信与广电专业的个人申报材料	1、将申请人的申请表一式一份和材料附件一式一份合订; 2、合订后申请人的材料按汇总表1-6-2中通信与广电专业申请人的顺序进行打包。	
1-6-9	民航机场专业的个人申报材料	1、将申请人的申请表一式一份和材料附件一式一份合订; 2、合订后申请人的材料按汇总表1-6-2中民航机场专业申请人的顺序进行打包。	

国务院有关部门一级建造师初始注册审核意见表(1-7)

编号:＿＿＿＿＿＿

姓名		省份		聘用企业名称	
资格证书专业类别			资格证书编号		

序号	审查内容		审核情况		审 查 依 据
			审查结果	不符合要求的情形	
(一)	申请表	注册企业是否符合要求			**审 查 依 据** 一、有下列情形之一的,不予注册: (一)不具有完全民事行为能力的; (二)申请在两个或者两个以上企业注册的; (三)未达到注册建造师继续教育要求的; (四)受到刑事处罚,刑事处罚尚未执行完毕的; (五)因执业活动受到刑事处罚,自刑事处罚执行完毕之日起至申请注册之日止不满5年的; (六)因前项规定以外的原因受到刑事处罚,自处罚决定之日起至申请注册之日止不满3年的; (七)被吊销注册证书,自处罚决定之日起至申请注册之日止不满2年的; (八)在申请注册之日前3年内担任项目经理期间,所负责项目发生过重大质量和安全事故的; (九)申请人的聘用企业不符合注册企业要求的; (十)年龄超过65周岁的; (十一)法律、法规规定不予注册的其他情形。 二、《一级建造师注册实施办法》第七条规定需申报材料附件。 (十二)资格证书复印件; (十三)学历证书复印件; (十四)身份证明复印件; (十五)申请人与聘用企业签订的聘用劳动合同复印件或申请人聘用企业出具的劳动、人事、工资关系证明; (十六)逾期申请初始注册的,应当提供达到继续教育要求证明材料复印件。
		注册省份是否符合要求			
		是否有不予注册情形			
(二)	资格证书复印件				
	学历证书复印件				
	身份证明复印件				
(三)	聘用劳动合同复印件或其它有效证明材料				
(四)	继续教育证明材料复印件				

(五)	审核结论	□ 同意申报＿＿＿＿＿＿＿专业初始注册。 □ 不同意申报＿＿＿＿＿＿＿专业初始注册, 　理由＿＿＿＿＿＿＿＿＿＿＿。 　审查人(签名): 　　　　　　　　　　　省级建设主管部门全称 　　　　　　　　　(加盖省级建设主管部门公章) 　　　　　　　　　年　　月　　日
(六)	备注	

国务院有关部门一级建造师初始注册审核汇总表 (1-8)

移送单位：　　　　　　　　　　　　　申报时间：　　　　年　　　月　　　日

序号	省、区、市	企业名称	姓名	身份证明编号	资格证书或考试合格证明		审核意见	不同意申理由	备注
					取得时间	编号			
合计	工程专业申报总人数：　　　人；同意申报：　　　人；不同意申报：　　　人。								

制表人(签字)：　　　　　　　负责人(签字)：　　　　　　　(单位公章)

省级建设主管部门发放一级建造师注册证书、执业印章汇总表 (1-9)

序号	省、区、市	企业名称	姓名	注册编号	原证书编号	现证书编号	注册专业	注册有效期截止日期	执业印章校验码	执业印章有效期截止日期	备注

制表人(签字)：　　　　　　　负责人(签字)：　　　　　　　(省级建设主管部门公章)　日期：　　　年　　　月　　　日

一级注册建造师延续注册申请表(2-1)

编号：＿＿＿＿＿＿

姓名		性别		联系电话		电子邮箱		近期一寸
身份证明	身份证□		军官证□		警官证□		护照□	免冠彩照
证号								
企业名称			工商注册地					
通讯地址			邮政编码					
企业性质		联系人		联系电话		手机号码		

原注册证书情况	注册编号	注册专业	注册有效期届满日期	申请延续注册专业	继续教育情况		备注
					必修课(学时)	选修课(学时)	

注册有效期内主要业绩	项目名称	规模	工作内容	担任职务	起止时间

其它注册情况	注册证书名称	
	证书编号	

不予注册情形	有《一级建造师注册实施办法》第十七条(一)、(二)、(三)、(四)、(五)、(六)、(七)、(八)、(九)、(十)、(十一)规定不予注册情形之一。

	本人对内容及申报材料的真实性负责,如有虚假,愿承担由此产生的一切法律后果。 申请人(签字)：　　　　　　　　　　　　　　年　　　月　　　日
聘用企业意见	我单位聘用的＿＿＿＿＿同志,聘用合同期自＿＿年＿＿月＿＿日至＿＿年＿＿月＿＿日,其申报材料真实,同意该同志申报延续注册。 负责人(签名)：　　　　　　　　　(企业公章)　　　　　年　　　月　　　日

填表说明

一、本申请表应当使用计算机打印,内容应与网上申报材料一致。

二、有关审查意见和签名一律使用钢笔或签字笔,字迹要求工整清晰。

三、封面中"省级建设主管部门",是指建造师注册聘用企业工商注册所在地的省、自治区、直辖市建设主管部门。

四、"身份证明"应优先使用个人身份证。按国家规定,没有身份证的人员才可以考虑使用军官证、警官证,港、澳、台及外籍人士可使用护照。

五、"原注册证书情况"栏中"注册专业"是指原批准的在注册有效期期限内,且未失效的注册专业;"注册有效届满日期"指注册证书有效期截止年、月、日;"申请延续注册专业"——应对延续注册专业填写。

六、"继续教育情况",是指最近一个注册有效期内参加规定必修课和选修课学习情况,必修课和选修课完成学时按规定记录、认可的学习内容所对应学时合计值填写,并附相应的复印件。

九、"注册有效期内主要工作业绩"栏中,应按年份顺序分别填写。其中:"规模"可按批准的建设文件明确的工程投资、面积和长度数量指标、专业工程等级或申请人工作涉及的工程范围工程造价等内容填写;"工作内容"应填写申请人所承担的业务工作性质、以建造师名义所从事的专业工程或工程管理工作等;"担任职务"是指申请人在该项目中的工作岗位。本栏填写要求突出要点、言简意赅,如填写不下,可另加附页,但本栏内容不作为延续注册审批的必要条件。

十、"不予注册情形"指《一级建造师注册实施办法》第十七条所列的情形之一,如有可在相应的数字上打上"ü"。

十一、"其它注册情况"中"注册证书名称、证书编号",是指取得国家规定的注册建筑师、注册规划师、注册工程师、注册监理工程师、注册造价工程师等注册证书名称和证书编号。

十二、各类证书原件的复印件、证明材料应真实、清晰、简要。

十三、所提交的表格和附加材料统一使用A4纸。

企业一级注册建造师延续注册申请汇总表(2-2)

企业名称：　　　　　　　　企业类型：　　　　　　　申报时间：　年　月　日

序号	姓名	申请延续专业情况		注册编号	企业核查意见	备注
		延续专业名称	有效期截止日期			
申请人数总计：_____人				申请专业总计：_____人次		

制表人(签字)：　　　　　　　企业负责人(签字)：　　　　　　　(企业公章)

省级建设主管部门一级注册建造师延续注册初审意见表(2-3)

编号：_____

姓名			聘用企业名称		注册编号	
			初审情况		审 查 依 据	
序号	审查内容		审查结果	不符合要求的情形	一、有下列情形之一的,不予注册:	
(一)	申请表	注册省份是否符合要求			(一)不具有完全民事行为能力的; (二)申请在两个或者两个以上企业注册的; (三)未达到注册建造师继续教育要求的; (四)受到刑事处罚,刑事处罚尚未执行完毕的; (五)因执业活动受到刑事处罚,自刑事处罚执行完毕之日起至申请注册之日止不满5年的; (六)因前项规定以外的原因受到刑事处罚,自处罚决定之日起至申请注册之日止不满3年的; (七)被吊销注册证书,自处罚决定之日起至申请注册之日止不满2年的;	
		是否有不予注册情形				
(二)	原注册证书					
(三)	聘用劳动合同复印件或其它证明材料				(八)在申请注册之日前3年内担任项目经理期间,所负责项目发生过重大质量和安全事故的; (九)申请人的聘用企业不符合注册企业要求的; (十)年龄超过65周岁的; (十一)法律、法规规定不予注册的其他情形。 二、《一级建造师注册实施办法》第八条规定需申报材料附件。 (十二)原注册证书; (十三)申请人与聘用企业签订的聘用劳动合同复印件或申请人聘用企业出具的劳动、人事、工资关系证明; (十四)申请人注册有效期内达到继续教育要求证明材料复印件。	
(四)	继续教育证明材料复印件					
(五)	初审结论		(一)同意延续下列注册专业: 1、_____专业;2、_____专业;3、_____专业;4、_____专业。 (二)不同意延续下列注册专业: 1、_____专业,原因_____; 2、_____专业,原因_____; 3、_____专业,原因_____; 4、_____专业,原因_____。 审查人(签名)：　　　　　　　省级建设主管部门全称_____ (加盖省级建设主管部门公章) 年　月　日			
(六)	备注					

省级建设主管部门一级注册建造师延续注册初审汇总表(企业申请人)(2-4)

省级建设主管部门(公章)：　　　　　　　　　　　申报时间：　　年 月 日

序号	姓名	企业名称	申请延续专业情况		注册编号	初审意见	不同意延续理由	备注
			延续专业	有效期届满 日　期				
合计	_____工程专业申报总人数：_____人；同意延续：_____人；不同意延续：_____人； …… _____工程专业申报总人数：_____人；同意延续：_____人；不同意延续：_____人。							

制表人(签字)：　　年 月 日　　　　　　　　　　　负责人(签字)：　　年 月 日

省级建设主管部门一级注册建造师延续注册初审汇总表(专业)(2-5)

省级建设主管部门(公章)：　　　　　　　　　　　　　　　　　专业：

序号	姓名	企业名称	申请延续专业情况		注册编号	初审意见	不同意延续理由	备注
			延续专业	有效期届满 日　期				
合计	_____工程专业申报总人数：_____人；同意延续：_____人；不同意延续：_____人。							

制表人(签字)：　　年 月 日　　　　　　　　　　　负责人(签字)：　　年 月 日

国务院有关部门一级注册建造师延续注册审核意见表(2-6)

编号：_____

姓名		省份		聘用企业名称	
注册证书专业类别			注册编号		

序号	审查内容		审核情况		审查依据
			审查结果	不符合要求的情形	一、有下列情形之一的,不予注册:
(一)	申请表	注册省份是否符合要求			(一)不具有完全民事行为能力的; (二)申请在两个或者两个以上企业注册的; (三)未达到注册建造师继续教育要求的; (四)受到刑事处罚,刑事处罚尚未执行完毕的;
		是否有不予注册情形			(五)因执业活动受到刑事处罚,自刑事处罚执行完毕之日起至申请注册之日止不满5年的; (六)因前项规定以外的原因受到刑事处罚,自处罚决定之日起至申请注册之日止不满3年的;
(二)	原注册证书				(七)被吊销注册证书,自处罚决定之日起至申请注册之日止不满2年的; (八)在申请注册之日前3年内担任项目经理期间,所负责项目发生过重大质量和安全事故的; (九)申请人的聘用企业不符合注册企业要求的;
(三)	聘用劳动合同复印件或其它有效证明材料				(十)年龄超过65周岁的; (十一)法律、法规规定不予注册的其他情形。 二、《一级建造师注册实施办法》第八条规定需申报材料附件。
(四)	继续教育证书材料复印件				(十二)原注册证书; (十三)申请人与聘用企业签订的聘用劳动合同复印件或申请人聘用企业出具的劳动、人事、工资关系证明; (十四)申请人注册有效期内达到继续教育要求证明材料。
(五)	审核结论	□ 同意延续_____专业注册。 □ 不同意延续_____专业注册, 理由_____。 审查人(签名)：			部门全称 (加盖单位公章) 年 月 日
(六)	备 注				

国务院有关部门一级注册建造师延续注册审核汇总表(2-7)

移送单位：   申报时间： 年 月 日

序号	省、区、市	企业名称	姓名	申请延续专业情况		注册编号	审核意见	不同意延续理由	备注
				延续专业	有效期届满日期				
合计	____工程专业申报总人数：____人;同意延续：____人;不同意延续：____人。								

制表人(签字)：   负责人(签字)：   (单位公章)

一级注册建造师变更注册申请表(3-1)

编辑:_____

姓名		性别		联系电话		电子邮箱		近期一寸 免冠彩照
身份证明		身份证□	军官证□	警官证□	护照□			
证号								
注册编号			注册有效期		年 月 日			
变更注册原因		聘用企业变更 □		企业名称变更 □		姓名变更 □		

聘用企业变更	原聘用企业			联系人					
	通讯地址				邮政编码		联系电话		
	现聘用企业			企业性质			法定代表人		
	工商注册地					是否跨省变更			
	通讯地址		邮政编码		联系人			联系电话	
	企业类型	施工□	勘察□	设计□	监理□	招标代理□		造价咨询□	
	企业资质专业类别	资质等级	资质证号编号		企业资质专业类别	资质等级		资质证号编号	

企业更名	企业更名前名称	
	企业更名后名称	

姓名变更	更名前姓名	更名后姓名

不予注册情形	有《一级建造师注册实施办法》第十七条(一)、(二)、(三)、(四)、(五)、(六)、(七)、(八)、(九)、(十)、(十一)规定不予注册情形之一。
原企业意见	我单位已与_____同志解除劳动聘用合同。 负责人(签名): (企业公章) 年 月 日
聘用企业意见	我单位聘用的_____同志,聘用合同期自_____年___月___日至_____年___月___日,其申报材料真实,同意该同志申报变更注册。 负责人(签名): (企业公章) 年 月 日
	本人对内容及申报材料的真实性负责,如有虚假,愿承担由产生的一切法律后果。 申请人(签字): 年 月 日

填表说明

一、本申请表应当使用计算机打印,内容应与网上申报材料一致。

二、有关审查意见和签名一律使用钢笔或签字笔,字迹要求工整清晰。

三、封面中"省级建设主管部门",是指建造师注册聘用企业工商注册所在地的省、自治区、直辖市建设主管部门。

四、"身份证明"应优先使用个人身份证。按国家规定,没有身份证的人员才可以考虑使用军官证、警官证,港、澳、台及外籍人士可使用护照。

五、"注册专业"是指原批准的在注册有效期期限内,且未失效的一个或多个注册专业。

六、"企业更名",是指企业的称谓发生变化,由企业所在地工商行政主管部门出具企业名称变更函复印件。

七、"姓名变更"应提供在公安机关已办理变更的身份证或户籍所在地公安机关出具的有效证明。

八、"工商注册地"是指现在聘用企业的工商注册地。

九、"企业资质类别"是指申请人所在施工、勘察、设计、监理、招标代理、造价咨询企业主项资质及等级。

十一、"不予注册情形"指《一级建造师注册实施办法》第十七条所列的情形之一,如有可在相应的数字上打上"ü"。

十二、"其它注册情况"栏中"注册证书名称、证书编号"是指取得国家规定的注册建筑师、注册规划师、注册工程师、注册监理工程师、注册造价工程师等注册证书名称和证书编号。

十三、各类证书原件的复印件、证明材料应真实、清晰、简要。

十四、所提交的表格和附加材料统一使用 A4 纸。

省级建设主管部门一级注册建造师变更注册审批意见表(3-2)

编号：_____

姓名			聘用企业名称		注册编号	

审查内容			审核情况		审查依据
			审查结果	不符合要求的情形	一、有下列情形之一的,不予注册:
(一)	申请表	注册企业是否符合要求			(一)不具有完全民事行为能力的; (二)申请在两个或者两个以上企业注册的; (三)未达到注册建造师继续教育要求的; (四)受到刑事处罚,刑事处罚尚未执行完毕的;
		注册省份是否符合要求			(五)因执业活动受到刑事处罚,自刑事处罚执行完毕之日起至申请注册之日止不满5年的; (六)因前项规定以外的原因受到刑事处罚,自处罚决定之日起至申请注册之日止不满3年的;
		是否有不予注册情形			(七)被吊销注册证书,自处罚决定之日起至申请注册之日止不满2年的; (八)在申请注册之日前3年内担任项目经理期间,所负责项目发生过重大质量和安全事故的;
(二)	注册证书原件				(九)申请人的聘用企业不符合注册企业要求的; (十)年龄超过65周岁的; (十一)法律、法规规定不予注册的其他情形。
	执业印章				二、《一级建造师注册实施办法》第九条规定需申报材料附件。
(三)	变更后身份证明复印件或公安户籍管理部门出具的有效证明				(十二)注册证书原件、执业印章; (十三) 变更后身份证明复印件或公安户籍管理部门出具的有效证明(姓名变更的);
(四)	变更后的《企业法人营业执照》和企业所在地工商行政主管部门出具的企业名称变更函复印件				(十四)变更后的《企业法人营业执照》复印件及变更函复印件(企业名称变更的);
(五)	聘用劳动合同复印件或其它证明材料				(十五)申请人与聘用企业签订的聘用劳动合同复印件或申请人聘用企业出具的劳动、人事、工资关系证明。
原省级建设主管部门意见			1、同意执业企业变更 □ 2、同意企业名称变更 □ 3、同意姓名变更 □ 审查人(签名): 省级建设主管部门全称 (加盖省级建设主管部门公章) 年　月　日		
现省级建设主管部门意见			1、同意执业企业变更 □ 2、同意企业名称变更 □ 3、同意姓名变更 □ 不同意执业企业变更,理由: 不同意企业名称变更,理由: 不同意姓名变更,理由: 审查人(签名): 省级建设主管部门全称 (加盖省级建设主管部门公章) 年　月　日		
备注					

省级建设主管部门一级注册建造师变更注册审批汇总表(3-3)

省级建设主管部门(公章)：   申报时间：   年 月 日

序号	姓名	更名前企业名称/更名后企业名称	变更注册前企业名称/变更注册后企业名称	更名前姓名/更名后姓名	注册编号	省级建设主管部门审批意见	备注
申请人数总计：____人,批准人数：____人,不批准人数：___人							

制表人(签字)：   日期：年 月 日   负责人(签字)：   年 月 日

一级注册建造师增项注册申请表(4-1)

编号：_____

姓名		性别		电话		电子信箱		近期一寸免冠彩照
身份证明	身份证 □		军官证 □		警官证 □		护照 □	
证号								
企业名称			联系电话					

注册编号	已注册专业	注册有效期届满期日期	已注册专业	注册有效期届满期日期	已注册专业	注册有效期届满期日期

申请增项注册专业	增项专业考试合格证明编号	签发日期	继续教育情况(逾期注册)	
			必修课(学时)	选修课(学时)
		年 月 日		
		年 月 日		

不予注册情形	有《一级建造师注册实施办法》第十七条(一)、(二)、(三)、(四)、(五)、(六)、(七)、(八)、(九)、(十)、(十一)规定不予注册情形之一。
	本人对内容及申报材料的真实性负责,如有虚假,愿承担由此产生的一切法律后果。 申请人(签字)： 年 月 日
聘用企业意见	我单位聘用的____同志,聘用合同期自_____年___月___日至_____年___月___日,其申报材料真实,同意该同志申报专业增项注册。 负责人(签名)： (企业公章) 年 月 日

填表说明

一、本申请表应当使用计算机打印,内容应与网上申报材料一致。

二、有关审查意见和签名一律使用钢笔或签字笔,字迹要求工整清晰。

三、封面中"省级建设主管部门",是指建造师注册聘用企业工商注册所在地的省、自治区、直辖市建设主管部门。

四、"身份证明"应优先使用个人身份证。按国家规定,没有身份证的人员才可以考虑使用军官证、警官证,港、澳、台及外籍人士才使用护照。

五、"现已注册专业",是指原批准的在注册有效期期限内,且未失效的一个或多个注册专业;

六、"申请增项注册专业",对应申请人取得的《一级建造师执业资格证书》专业工程类别按《一级建造师注册实施办法》中规定的十个专业工程类别的简称填写;申请注册专业与企业资质专业类别没有对应关系。

九、"继续教育情况",是指取得一级建造师考试合格证明逾期申请增项注册参加规定的必修课和选修课学习的情况,必修课和选修课完成学时按规定记录、认可的学习内容所对应学时合计值填写,并附相应的复印件;对于取得一级建造师考试合格证明3年内申请增项注册的申请人,本栏可不填写。

十、"不予注册情形"指《一级建造师注册实施办法》第十七条所列的情形之一,如有可在相应的数字上打上"ü"。

十一、各类证书原件的复印件、证明材料应真实、清晰、简要。

十二、所提交的表格和附加材料统一使用A4纸。

企业一级注册建造师增项注册申请汇总表(4-2)

企业名称：   企业类型：   申报时间： 年 月 日

序号	姓名	增项专业	增项专业合格证明		注册编号	备注
			取得时间	编号		

申请人数总计：____人   申请专业总计：____人次

制表人(签字)：   企业负责人(签字)：   (企业公章)

省级建设主管部门一级注册建造师增项注册初审意见表(4-3)

编号：_____

姓名			聘用企业名称		注册编号	

<table>
<tr><td rowspan="2" colspan="3">审查内容</td><td colspan="2">初审情况</td><td rowspan="2">审查依据</td></tr>
<tr><td>审查结果</td><td>不符合要求的情形</td></tr>
<tr><td rowspan="2">(一)</td><td rowspan="2">申请表</td><td>注册省份是否符合要求</td><td></td><td></td><td rowspan="10">一、有下列情形之一的,不予注册:
(一)不具有完全民事行为能力的;
(二)申请在两个或者两个以上企业注册的;
(三)未达到注册建造师继续教育要求的;
(四)受到刑事处罚,刑事处罚尚未执行完毕的;
(五)因执业活动受到刑事处罚,自刑事处罚执行完毕之日起至申请注册之日止不满5年的;
(六)因前项规定以外的原因受到刑事处罚,自处罚决定之日起至申请注册之日止不满3年的;
(七)被吊销注册证书,自处罚决定之日起至申请注册之日止不满2年的;
(八)在申请注册之日前3年内担任项目经理期间,所负责项目发生过重大质量和安全事故的;
(九)申请人的聘用企业不符合注册企业要求的;
(十)年龄超过65周岁的;
(十一)法律、法规规定不予注册的其他情形。
二、《一级建造师注册实施办法》第十条规定需申报材料附件。
(十二)增项专业考试合格证明复印件;
(十三)注册证书原件、执业印章;
(十四)逾期申请增项注册的,应当提供达到继续教育要求证明材料复印件。</td></tr>
<tr><td>是否有不予注册情形</td><td></td><td></td></tr>
<tr><td>(二)</td><td colspan="2">申请增项专业考试合格证明复印件</td><td></td><td></td></tr>
<tr><td rowspan="2">(三)</td><td colspan="2">注册证书原件</td><td></td><td></td></tr>
<tr><td colspan="2">执业印章</td><td></td><td></td></tr>
<tr><td rowspan="2">(四)</td><td colspan="2" rowspan="2">增项专业继续教育证明材料复印件</td><td rowspan="2"></td><td rowspan="2"></td></tr>
<tr></tr>
<tr><td>(五)</td><td colspan="2">初审结论</td><td colspan="3">(一)同意下列专业增项注册:
1、____专业;
2、____专业;
3、____专业;
4、____专业。
(二)不同意下列专业增项注册:
1、____专业,原因_____;
2、____专业,原因_____;
3、____专业,原因_____;
4、____专业,原因_____。

　　　　审查人(签名):　　　　　　　　　省级建设主管部门全称
　　　　　　　　　　　　　　　　　(加盖省级建设主管部门公章)
　　　　　　　　　　　　　　　　　　年　　月　　日</td></tr>
<tr><td>(六)</td><td colspan="2">备注</td><td colspan="3"></td></tr>
</table>

省级建设主管部门一级注册建造师增项注册初审汇总表(企业申请人)(4-4)

省级建设主管部门(公章):　　　　　　　　申报时间:　　年　月　日

序号	姓名	企业名称	增项专业	增项专业合格证明		初审意见	不同意申报理由	备注
				取得时间	编号			
合计	____工程专业申报总人数:____人;同意增项:____人;不同意增项:____人; ____工程专业申报总人数:____人;同意增项:____人;不同意增项:____人。							

制表人(签字):　　　日期:　年　月　日　　　　　　　　负责人(签字):　　　日期:　年　月　日

省级建设主管部门一级注册建造师增项注册初审汇总表(专业)(4-5)

省级建设主管部门(公章)：　　　　　　　　　　　　　　　　　　专业：

序号	姓名	企业名称	增项专业	增项专业合格证明		初审意见	不同意申报理由	备注
				取得时间	编号			
合计	_____工程专业申报总人数：___人；同意增项：___人；不同意增项：___人。							

制表人(签字)：　　日期：年 月 日　　　　　　　　　　负责人(签字)：　　日期：年 月 日

国务院有关部门一级注册建造师增项注册审核意见表(4-6)

　　　　　　　　　　　　　　　　　　　　　　　　　　　　编号：_____

姓名			省份		聘用企业名称	
增项资格专业类别				增项合格证明编号		
序号	审查内容		审核情况		审查依据	
			审查结果	不符合要求的情形	一、有下列情形之一的,不予注册: (一)不具有完全民事行为能力的; (二)申请在两个或者两个以上企业注册的; (三)未达到注册建造师继续教育要求的; (四)受到刑事处罚,刑事处罚尚未执行完毕的; (五)因执业活动受到刑事处罚,自刑事处罚执行完毕之日起至申请注册之日止不满5年的; (六)因前项规定以外的原因受到刑事处罚,自处罚决定之日起至申请注册之日止不满3年的; (七)被吊销注册证书,自处罚决定之日起至申请注册之日止不满2年的; (八)在申请注册之日前3年内担任项目经理期间,所负责项目发生过重大质量和安全事故的; (九)申请人的聘用企业不符合注册企业要求的; (十)年龄超过65周岁的; (十一)法律、法规规定不予注册的其他情形。 二、《一级建造师注册实施办法》第十条规定需申报材料附件。 (十二)增项专业考试合格证明复印件; (十三)注册证书原件、执业印章; (十四)逾期申请增项注册的,应当提供达到继续教育要求的证明材料复印件。	
(一)	申请表	注册省份是否符合要求				
		是否有不予注册情形				
(二)	增项专业合格证明复印件					
(三)	注册证书原件					
	执业印章					
(四)	增项继续教育证明材料复印件					
(五)	审核结论		□ 同意申报_____专业增项注册。 □ 不同意申报_____专业增项注册, 　理由_____。 　审查人(签名)： 　　　　　　部门全称 　　　　　(加盖单位公章) 　　　　　年　　月　　日			
(六)	备　　注					

国务院有关部门一级注册建造师增项注册审核汇总表(4-7)

移送单位：　　　　　　　　　　　　　　　　　　　　　申报时间：　　　年　月　日

序号	省、区、市	企业名称	姓名	增项专业	增项专业合格证明		审核意见	不同意申报理由	备 注
					取得时间	编号			
合计	____工程专业申报总人数：___人；同意增项：___人；不同意增项：___人。								

制表人(签字)：　　　　　　　　　负责人(签字)：　　　　　　　　　　　　(单位公章)

一级注册建造师注销注册申请表(5-1)

姓名				性别		联系电话		电子信箱	
身份证明	身份证 □		军官证 □			警官证 □		护照 □	
证 号									
企业名称				联系人			联系电话		
通讯地址						邮编			
注册编号		证书编号			注册有效期届满期日期			年 月 日	

注销原因	□ 聘用企业破产的; □ 聘用企业被吊销营业执照的; □ 聘用企业被吊销或者撤回资质证书的; □ 已与聘用企业解除聘用合同关系的; □ 注册有效期满且未延续注册的; □ 年龄超过65周岁的; 申请注销注册人(签名) 　年　月　日	□ 死亡或不具有完全民事行为能力的; □ 聘用企业被吊销相应资质证书的; □ 其他导致注册失效的情形; □ 依法被撤消注册的; □ 依法被吊销注册证书的; □ 法律、法规规定应当注销注册的其他情形。 申请注销注册机构(单位公章) 　年　月　日
	本人对内容及申报材料的真实性负责,如有虚假,愿承担由此产生的一切法律后果。 　　　　　　　　申请人(签字):　　　　　　　年　月　日	
企业意见	我单位聘用的_____同志,其申报材料真实,同意该同志申报注销注册。 　　　　　　　　负责人(签名):　　(企业公章)　　年　月　日	
	省级建设主管部门	
	情况属实,根据《注册建造师管理规定》第十七条及相关规定,同意注销注册,注册证书和执业印章已收回。 　　审查人(签名): 　　　　　　　　　　　　　　　　　　　省级建设主管部门全称 　　　　　　　　　　　　　　　　　　(省级建设主管部门公章) 　　　　　　　　　　　　　　　　　　　　年　月　日	
	备　　注	

填表说明

一、本申请表应当使用计算机打印,内容应与网上申报材料一致。

二、申请人应如实填写申请表内容;

三、企业应协助申请人办理注销申请,省级建设主管部门应及时督促申请人办理有关注销注册手续;

四、有关审查意见和签名一律使用钢笔或签字笔,字迹要求工整清晰;

五、封面中"省级建设主管部门",是指注册建造师注册聘用企业工商注册所在地的省、自治区、直辖市建设主管部门;

六、申请注销注册者应向省级建设主管部门交回注册证书和执业印章;

七、各类证书原件的复印件、证明材料应真实、清晰、简要;

八、所提交的表格和附加材料统一使用A4纸。

省级建设主管部门一级注册建造师注销注册汇总表(5-2)

序号	企业名称	姓名	注册编号	证书编号	注销专业	注销执业印章及印章编号	注销执业印章及印章校验码	注销批准日	备注

制表人(签字):　　　　负责人(签字):　　　　(省级建设主管部门公章)　　　　日期:　　年　月　日

一级建造师重新注册申请表(6-1)

编号：_____

姓 名		性别		电话		电子邮箱		近期一寸免冠彩照
身份证明	身份证□		军官证□		警官证□		护照□	
证 号								
原注册编号		原证书编号		效或不予注册、被注销注册日期		年 月 日		
失效或不予注册、被注销注册原因								

现聘用单位	□ 聘用企业破产的；　　　　　　　　　　□ 死亡或不具有完全民事行为能力的； □ 聘用企业被吊销营业执照的；　　　　　□ 聘用企业被吊销相应资质证书的； □ 聘用企业被吊销或者撤回资质证书的；　□ 其他导致注册失效的情形； □ 已与聘用企业解除聘用合同关系的；　　□ 依法被撤消注册的； □ 注册有效期满且未延续注册的；　　　　□ 依法被吊销注册证书的； □ 年龄超过65周岁的；　　　　　　　　□ 法律、法规规定应当注销注册的其他情形。		

现聘用单位	企业名称			企业性质	
	工商注册地			法定代表人	
	通讯地址		邮政编码	联系人	联系电话
	企业类型	施工□　勘察□　设计□　监理□　招标代理□　造价咨询□			

企业资质专业类别	资质等级	资质证号编号	企业资质专业类别	资质等级	资质证号编号

资格证书或合格证明专业类别	取得方式	证书编号	签发日期	申请重新注册专业	继续教育情况(逾期注册)	
			年 月 日		必修课(学时)	选修课(学时)
			年 月 日			
			年 月 日			

其它注册情况	注册证书名称	
	证 书 编 号	

不予注册情形	有《一级建造师注册实施办法》第十七条 (一)、(二)、(三)、(四)、(五)、(六)、(七)、(八)、(九)、(十)、(十一)规定不予注册情形之一。

	本人对内容及申报材料的真实性负责,如有虚假,愿承担由此产生的一切法律后果。 　　　　　　申请人(签字)：　　　　　　　　　　　年 月 日

聘用企业意见	我单位聘用的　　　　同志,聘用合同期自　　年　　月　　日至　　年　　月　　日,其申报材料真实,同意该同志申报重新注册。 　　负责人(签名)：　　　　　　(企业公章)　　　　　年 月 日

填表说明

一、本申请表应当使用计算机打印,内容应与网上申报材料一致。

二、有关审查意见和签名一律使用钢笔或签字笔,字迹要求工整清晰。

三、封面中"省级建设主管部门",是指建造师注册聘用企业工商注册所在地的省、自治区、直辖市建设主管部门。

四、"身份证明"应优先使用个人身份证。按国家规定,没有身份证的人员才可以考虑使用军官证、警官证,港、澳、台及外籍人士可使用护照。

五、"企业资质类别"是指申请人所在施工、勘察、设计、监理、招标代理、造价咨询企业主项资质及等级。

六、"取得方式",分考核认定和考试两类。

七、"申请重新注册专业",对应申请人取得的《一级建造师执业资格证书》专业工程类别按《一级建造师注册实施办法》中规定的十个专业工程类别的简称填写;申请注册专业与企业资质专业类别没有对应关系。

八、"继续教育情况",是指重新注册前参加满足规定要求的必修课和选修课的学习课时,必修课和选修课完成学时分别按规定记录统计后填写,并附相应的复印件。

九、"其它注册情况"栏中"注册证书名称、证书编号"是指取得国家规定的注册建筑师、注册规划师、注册工程师、注册监理工程师、注册造价工程师等注册证书名称和证书编号。

十、各类证书原件的复印件、证明材料应真实、清晰、简要。

十一、所提交的表格和附加材料统一使用A4纸。

企业一级建造师重新注册申请汇总表(6-2)

企业名称：　　　　　　　　　企业类型：　　　　　　　　申报时间：

序号	姓名	身份证件编号	申请专业	资格证书或考试合格证明		企业核查意见	备注
				取得时间	编号		
	申请人数总计：_____人			申请专业总计：_____人次			

制表人(签字)：　　　　　　企业负责人(签字)：　　　　　　　　(企业公章)

省级建设主管部门一级建造师重新注册初审意见表(6-3)

编号：＿＿＿＿＿＿＿

姓　名			聘用企业名称		
资格证书专业类别			资格证书编号		
序号		审查内容	初审情况		审查依据
			审查结果	不符合要求的情形	一、有下列情形之一的,不予注册:
(一)	申请表	注册企业是否符合要求			(一)不具有完全民事行为能力的; (二)申请在两个或者两个以上企业注册的; (三)未达到注册建造师继续教育要求的;
		注册省份是否符合要求			(四)受到刑事处罚,刑事处罚尚未执行完毕的; (五)因执业活动受到刑事处罚,自刑事处罚执行完毕之日起至申请注册之日止不满5年的;
		是否有不予注册情形			(六)因前项规定以外的原因受到刑事处罚,自处罚决定之日起至申请注册之日止不满3年的; (七)被吊销注册证书,自处罚决定之日起至申请注册之日止不满2年的;
(二)		申请注册专业资格证书以及考试合格证明复印件			(八)在申请注册之日前3年内担任项目经理期间,所负责项目发生过重大质量和安全事故的; (九)申请人的聘用企业不符合注册企业要求的;
		学历证书复印件			(十)年龄超过65周岁的; (十一)法律、法规规定不予注册的其他情形。 二、《一级建造师注册实施办法》第十二条规定需申报材料附件。
		明复印件			(十二)资格证书复印件; (十三)学历证书复印件; (十四)身份证明复印件;
(三)		聘用劳动合同复印件或其它证明材料			(十五) 申请人与聘用企业签订的聘用劳动合同复印件或申请人聘用企业出具的劳动、人事、工资关系证明;
(四)		继续教育证明材料复印件			(十六)逾期申请初始注册的,应当提供达到继续教育要求证明材料复印件。
(五)		初审结论	一)同意申请下列注册专业: 1、____专业;2、____专业;3、____专业;4、____专业。 (二)不同意申报下列注册专业: 1、_____专业,原因_____; 2、_____专业,原因_____; 3、_____专业,原因_____; 4、_____专业,原因_____。 审查人(签名)：　　　　　省级建设主管部门全称 (加盖省级建设主管部门公章) 年　月　日		
(六)		备　注			

省级建设主管部门一级建造师重新注册初审汇总表(企业申请人)(6-4)

省级建设主管部门(公章):　　　　　　　　　　　申报时间:　　年　月　日

序号	姓名	企业名称	身份证件编号	申请专业	资格证书或考试合格证明		初审意见	不同意申报理由	备注
					取得时间	编　号			
合计	＿＿＿＿＿工程专业申报总人数:＿＿＿＿人;同意申报:　　人;不同意申报:＿＿＿＿人; … ＿＿＿＿＿工程专业申报总人数:＿＿＿＿人;同意申报:　　人;不同意申报:＿＿＿＿人。								

制表人(签字):　　　　日期:　年　月　日　　　　　负责人(签字):　　　　　日期:　年　月　日

省级建设主管部门一级建造师重新注册初审汇总表(专业)(6-5)

省级建设主管部门(公章):　　　　　　　　　　　专业:

序号	姓名	企业名称	身份证件编号	申请专业	资格证书或考试合格证明		初审意见	不同意申报理由	备注
					取得时间	编　号			
合计	＿＿＿＿＿工程专业申报总人数:＿＿＿＿人;同意申报:＿＿＿＿人;不同意申报:＿＿＿＿人。								

制表人(签字):　　　　日期:　年　月　日　　　　　负责人(签字):　　　　　日期:　年　月　日

国务院有关部门一级建造师重新注册审核意见表(6-6)

编号：_____

姓名		省份		聘用企业名称	
资格证书专业类别				资格证书编号	

序号	审查内容		审核情况		审 查 依 据
			审查结果	不符合要求的情形	一、有下列情形之一的，不予注册： (一)不具有完全民事行为能力的； (二)申请在两个或者两个以上企业注册的； (三)未达到注册建造师继续教育要求的；
(一)	申请表	注册企业是否符合要求			(四)受到刑事处罚，刑事处罚尚未执行完毕的； (五)因执业活动受到刑事处罚，自刑事处罚执行完毕之日起至申请注册之日止不满5年的； (六)因前项规定以外的原因受到刑事处罚，自处罚决定之日起至申请注册之日止不满3年的； (七)被吊销注册证书，自处罚决定之日起至申请注册之日止不满2年的； (八)在申请注册之日前3年内担任项目经理期间，所负责项目发生过重大质量和安全事故的； (九)申请人的聘用企业不符合注册企业要求的； (十)年龄超过65周岁的； (十一)法律、法规规定不予注册的其他情形。 二、《一级建造师注册实施办法》第十二条规定需申报材料附件。 (十二)资格证书复印件； (十三)学历证书复印件； (十四)身份证明复印件； (十五)申请人与聘用企业签订的聘用劳动合同复印件或申请人聘用企业出具的劳动、人事、工资关系证明； (十六)逾期申请初始注册的，应当提供达到继续教育要求证明材料复印件。
		注册省份是否符合要求			
		是否有不予注册情形			
(二)	资格证书复印件				
	学历证书复印件				
	身份证明复印件				
(三)	聘用劳动合同复印件或其它有效证明材料				
(四)	继续教育证明材料复印件				
(五)	审核结论	□ 同意申报_____专业初始注册。 □ 不同意申报_____专业初始注册， 　理由_____。 　审查人(签名)：　　　　　　　　　　　　　部门全称 　　　　　　　　　　　　　　　　　　　　(加盖单位公章) 　　　　　　　　　　　　　　　　　　　　年 月 日			
(六)	备注				

国务院有关部门一级建造师重新注册审核汇总表(6-7)

移送单位：　　　　　　　　　　　　　　　申报时间：　　年　月　日

序号	省、区、市	企业名称	身份证件编号	资格证书或考试合格证明		审核意见	不同意申报理由	备 注
				取得时间	编　号			
合计	_____工程专业申报总人数：___人；同意申报：___人；不同意申报：___人。							

制表人(签字)：　　　　日期：　年　月　日　　　　负责人(签字)：　　　　日期：　年　月　日

一级注册建造师注册证书、执业印章遗失补办或污损更换申请表(7−1)

姓名		性别		联系电话		电子信箱		近期一寸免冠彩照
身份证明		身份证 □		军官证 □	警官证 □		护照 □	
身份证明号								
注册编号		执业印章校验码			执业印章有效期至		年 月 日	
证书编号								
注册专业								
注册有效期至	年 月 日	年 月 日		年 月 日		年 月 日		年 月 日
聘用企业			联系人			联系电话		
通讯地址						邮政编码		
补办/更换原因	□ 遗失	□ 污损		申请补办或更换内容			□ 执业印章	□ 注册证书
因_____原因,需申请□补办/□更换 □执业印章/□注册证书 。本人对内容及申报材料的真实性负责,如有虚假,愿承担由此产生的一切法律后果。 申请人(签名): 年 月 日								
聘用企业意见	情况属实,同意申请 □注册证书/□执业印章 □补办/□更换手续。 负责人(签名): (企业公章) 年 月 日							
省级建设主管部门审批意见	经核查,申请材料与原件相符,符合□补办/□更换办条件,同意申请,□补办/□更换 □注册证书/□执业印章 。 审查人(签名): 负责人(签名): 省级建设主管部门全称 (加盖省级建设主管部门公章) 年 月 日							
备 注								

填表说明

一、本申请表应当使用计算机打印,内容应与网上申报材料一致。

二、对于注册证书、执业印章遗失补办或污损更换的,应当提交申请表一式一份和材料附件一式一份。

三、有关审查意见和签名一律使用钢笔或签字笔,字迹要求工整清晰。

四、封面中"省级建设主管部门",是指建造师注册聘用企业工商注册所在地的省、自治区、直辖市建设主管部门。

五、"身份证明"应优先使用个人身份证。按国家规定,没有身份证的人员才可以考虑使用军官证、警官证、港、澳、台及外籍人士可使用护照。

六、"注册专业",是指原批准的在注册有效期期限内,且未失效的注册专业;

七、"校验码"是指原执业印章上的校验码;

八、"遗失、污损原因"栏中注明遗失、污损内容,遗失补办的附省级以上公开发行报纸上刊登声明作废的证明材料。

九、各类证书原件的复印件、证明材料应真实、清晰、简要。

十、所提交的表格和附加材料统一使用A4纸。

省级建设主管部门一级注册建造师注册证书、执业印章补发或更换汇总表(7−2)

序号	企业名称	姓名	注册编号	原证书编号	现证书编号	注册专业	注册有效期截止日期	执业印章校验码	业印章有效期截止日期	备注

制表人(签字): 负责人(签字): (省级建设主管部门公章) 日期: 年 月 日

解读《注册建造师管理规定》

江慧成

1 引言

2006年12月28日,建设部颁布了《注册建造师管理规定》(建设部令第153号),是我国建造师注册、执业、继续教育和对注册建造师执业行为监管的依据。她的发布标志着我国建造师执业资格制度框架体系基本确立,也为建造师执业标准体系的建立奠定了基础。本文就注册建造师管理体制、注册、执业、继续教育和监督管理等方面对《注册建造师管理规定》进行解读,从"公开、公平、公正、便民、高效"等原则方面对《注册建造师管理规定》进行辨析,并从促进行业自律和执业信用体系建设方面对《注册建造师管理规定》(以下简称《规定》)进行比较深入的探究。

2 注册管理体制

国务院建设主管部门对全国注册建造师的注册、执业活动实施统一监督管理;国务院铁路、交通、水利、信息产业、民航等有关部门按照国务院规定的职责分工,对全国有关专业工程注册建造师的执业活动实施监督管理。取得二级建造师资格证书的人员申请注册,由省、自治区、直辖市人民政府建设主管部门负责受理和审批,具体审批程序由省、自治区、直辖市人民政府建设主管部门依法确定。对批准注册的,核发由国务院建设主管部门统一样式的《中华人民共和国二级建造师注册证书》和执业印章,并在核发证书后30日内报国务院建设主管部门备案。

3 注册

注册建造师,是指通过考核认定或考试合格取得中华人民共和国建造师资格证书(以下简称资格证书),并按照《规定》注册,取得中华人民共和国建造师注册证书(以下简称注册证书)和执业印章的专业技术人员。未取得注册证书和执业印章的,不得担任大中型建设工程项目的施工单位项目负责人,不得以注册建造师的名义从事相关活动。因此,拥有建造师执业资格证书的人员必须经过注册取得注册证书和执业印章后按规定才能执业。

3.1 注册分类

注册证书和执业印章是注册建造师执业的有效凭证,注册证书限定了注册建造师的执业范围,执业印章是注册建造师行使注册建造师权利并承担相应责任的具体体现。《规定》明确注册证书和执业印章的有效期是3年。从注册证书和执业印章的取得和证书内容的变化过程来看,注册行为可分为初始注册、延续注册、变更注册、专业增项注册等。

初始注册是为首次取得注册证书和执业印章的注册行为,延续注册是对注册证书和执业印章的有效期进行延续的注册行为,变更注册是对注册证书和执业印章有关内容进行变更的注册行为,专业增项注册是指取得建造师多个专业的执业资格之后增加执业证书执业专业的注册行为。

3.2 注册程序

申请人应当通过聘用单位向单位工商注册所在地的省、自治区、直辖市人民政府建设主管部门提出注册申请。《规定》的第七、第八条规定：

省、自治区、直辖市人民政府建设主管部门受理后提出初审意见，并将初审意见和全部申报材料报国务院建设主管部门审批；涉及铁路、公路、港口与航道、水利水电、通信与广电、民航专业的，国务院建设主管部门应当将全部申报材料送同级有关部门审核。符合条件的，由国务院建设主管部门核发《中华人民共和国一级建造师注册证书》，并核定执业印章编号。

对申请初始注册的，省、自治区、直辖市人民政府建设主管部门应当自受理申请之日起，20日内审查完毕，并将申请材料和初审意见报国务院建设主管部门。国务院建设主管部门应当自收到省、自治区、直辖市人民政府建设主管部门上报材料之日起，20日内审批完毕并作出书面决定。有关部门应当在收到国务院建设主管部门移送的申请材料之日起，10日内审核完毕，并将审核意见报国务院建设主管部门。

对申请变更注册、延续注册的，省、自治区、直辖市人民政府建设主管部门应当自受理申请之日起5日内审查完毕。国务院建设主管部门应当自收到省、自治区、直辖市人民政府建设主管部门上报材料之日起10日内审批完毕并作出书面决定。有关部门在收到国务院建设主管部门移送的申请材料后，应当在5日内审核完毕，并将审核意见报国务院建设主管部门。

3.3 注册条件

3.3.1 初始注册

申请初始注册时应当具备以下条件：

(1)经考核认定或考试合格取得资格证书；

(2)受聘于一个相关单位；

(3)达到继续教育要求；

(4)没有《规定》第十五条所列不予注册的情形。

初始注册者，可自资格证书签发之日起3年内提出申请。逾期未申请者，须符合本专业继续教育的要求后方可申请初始注册。

经考核认定或考试取得资格证书是指通过人事部、建设部统一组织的一级建造师执业资格认定或全国统一的一级建造师执业资格考试合格取得的一级

建造师执业资格证书；受聘于一个相关单位是指受聘于一个具有建设工程勘察、设计、施工、监理、招标代理、造价咨询等资质的单位；达到继续教育的要求是对逾期申请初始注册的申请者的要求，逾期申请初始注册的必须满足继续教育的要求方能申请初始注册。

《规定》第十五条所列的不予注册的情形：

(1)不具有完全民事行为能力的；

(2)申请在两个或者两个以上单位注册的；

(3)未达到注册建造师继续教育要求的；

(4)受到刑事处罚，刑事处罚尚未执行完毕的；

(5)因执业活动受到刑事处罚，自刑事处罚执行完毕之日起至申请注册之日止不满5年的；

(6)因前项规定以外的原因受到刑事处罚，自处罚决定之日起至申请注册之日止不满3年的；

(7)被吊销注册证书，自处罚决定之日起至申请注册之日止不满2年的；

(8)在申请注册之日前3年内担任项目经理期间，所负责项目发生过重大质量和安全事故的；

(9)申请人的聘用单位不符合注册单位要求的；

(10)年龄超过65周岁的；

(11)法律、法规规定不予注册的其他情形。

申请初始注册需要提交下列材料：

(1)建造师初始注册申请表；

(2)资格证书、学历证书和身份证明复印件；

(3)申请人与聘用单位签订的聘用劳动合同复印件或其他有效证明文件；

(4)逾期申请初始注册的，应当提供达到继续教育要求的证明材料。

符合条件的申请人可按要求按《规定》的第七条、第八条进行申请注册。

3.3.2 延续注册

注册有效期满需继续执业的，应当在注册有效期届满30日前，按照《规定》的第七条、第八条的规定申请延续注册。延续注册的，有效期为3年。

申请延续注册的，应当提交下列材料：

(1)注册建造师延续注册申请表；

(2)注册证书；

(3)申请人与聘用单位签订的聘用劳动合同复印件或其他有效证明文件；

(4) 申请人注册有效期内达到继续教育要求的证明材料。

3.3.3 变更注册

在注册有效期内,注册建造师变更执业单位,应当与原聘用单位解除劳动关系,并按照《规定》第七条、第八条的规定办理变更注册手续,变更注册后仍延续原注册有效期。

申请变更注册的,应当提交下列材料:

(1) 注册建造师变更注册申请表;

(2) 注册证书和执业印章;

(3) 申请人与新聘用单位签订的聘用合同复印件或有效证明文件;

(4) 工作调动证明(与原聘用单位解除聘用合同或聘用合同到期的证明文件、退休人员的退休证明)。

3.3.4 专业增项注册

注册建造师需要增加执业专业的,应当按照《规定》第七条的规定申请专业增项注册,并提供相应的资格证明。

资格证明是指通过全国一级建造师执业资格考试合格而取得国家颁发的资格证明。

3.4 注册证书与执业印章

注册证书和执业印章是注册建造师的执业凭证,由注册建造师本人保管、使用。注册证书与执业印章有效期为3年。未取得注册证书和执业印章的,不得担任大中型建设工程项目的施工单位项目负责人,不得以注册建造师的名义从事相关活动。

一级注册建造师的注册证书由国务院建设主管部门统一印制,执业印章由国务院建设主管部门统一样式,省、自治区、直辖市人民政府建设主管部门组织制作。

3.5 注册证书与执业印章失效

《规定》第十六条规定注册建造师有下列情形之一的,其注册证书和执业印章失效:

(1) 聘用单位破产的;

(2) 聘用单位被吊销营业执照的;

(3) 聘用单位被吊销或者撤回资质证书的;

(4) 已与聘用单位解除聘用合同关系的;

(5) 注册有效期满且未延续注册的;

(6) 年龄超过65周岁的;

(7) 死亡或不具有完全民事行为能力的;

(8) 其他导致注册失效的情形。

3.6 注销注册

《规定》第十七条规定有下列情形之一的,由注册机关办理注销手续,收回注册证书和执业印章或者公告其注册证书和执业印章作废:

(1) 有《规定》第十六条所列情形发生的;

(2) 依法被撤销注册的;

(3) 依法被吊销注册证书的;

(4) 受到刑事处罚的;

(5) 法律、法规规定应当注销注册的其他情形。

注册建造师有前款所列情形之一的,注册建造师本人和聘用单位应当及时向注册机关提出注销注册申请;有关单位和个人有权向注册机关举报;县级以上地方人民政府建设主管部门或者有关部门应当及时报告或者告知注册机关。

被注销注册或者不予注册的,在重新具备注册条件后,可按《规定》第八条规定重新申请注册。

3.7 注册证书与执业印章的补办

注册建造师因遗失、污损注册证书或执业印章,需要补办的,应当持在公众媒体上刊登的遗失声明的证明,向原注册机关申请补办。原注册机关应当在5日内办理完毕。

4 执业

4.1 执业条件

取得资格证书的人员应当受聘于一个具有建设工程勘察、设计、施工、监理、招标代理、造价咨询等一项或者多项资质的单位,经注册后方可从事相应的执业活动。

担任施工单位项目负责人的,应受聘并注册于一个具有施工资质的企业。

4.2 执业范围

注册建造师的具体执业范围须按照注册的专业和《注册建造师执业工程规模标准》执行。一级注册建造师的执业工程规模可以包括与注册专业相对应的大、中、小型工程,大型工程项目的施工单位项目负责人必须由相应专业的一级注册建造师担任;二级注册建造师的执业工程规模可以包括与注册专业相对应的中、小型工程,中型工程项目的施工单位项目负责人必须由相应专业的二级注册建造师或一级注册建造师担任。

注册建造师可以从事建设工程项目总承包管理或施工管理,建设工程项目管理服务,建设工程技术经济咨询,以及法律、行政法规和国务院建设主管部门规定的其他业务。注册建造师不得同时在两个及两个以上的建设工程项目上担任施工单位项目负责人。

4.3 注册证书和执业印章的使用

注册建造师须按照与注册证书相对应的专业类别、工程规模进行执业,建设工程施工活动中形成的有关工程施工管理文件,应当由注册建造师签字并加盖执业印章。施工单位签署质量合格的文件上,必须有注册建造师的签字盖章。

4.4 继续教育

注册建造师在每一个注册有效期内应达到国务院建设主管部门规定的继续教育要求。

继续教育分为必修课和选修课,在每一注册有效期内各为60学时。经继续教育达到合格标准的,颁发继续教育合格证书。

继续教育的具体要求由国务院建设主管部门会同国务院有关部门另行规定。

4.5 注册建造师的权利

《规定》的第二十四条明确注册建造师享有下列权利:

(1)使用注册建造师名称;

(2)在规定范围内从事执业活动;

(3)在本人执业活动中形成的文件上签字并加盖执业印章;

(4)保管和使用本人注册证书、执业印章;

(5)对本人执业活动进行解释和辩护;

(6)接受继续教育;

(7)获得相应的劳动报酬;

(8)对侵犯本人权利的行为进行申述。

4.6 注册建造师的义务

《规定》第二十五条规定注册建造师应当履行下列义务:

(1)遵守法律、法规和有关管理规定,恪守职业道德;

(2)执行技术标准、规范和规程;

(3)保证执业成果的质量,并承担相应责任;

(4)接受继续教育,努力提高执业水准;

(5)保守在执业中知悉的国家秘密和他人的商业、技术等秘密;

(6)与当事人有利害关系的,应当主动回避;

(7)协助注册管理机关完成相关工作。

4.7 注册建造师的禁止行为

《规定》第二十六条规定注册建造师不得有下列行为:

(1)不履行注册建造师义务;

(2)在执业过程中,索贿、受贿或者谋取合同约定费用外的其他利益;

(3)在执业过程中实施商业贿赂;

(4)签署有虚假记载等不合格的文件;

(5)允许他人以自己的名义从事执业活动;

(6)同时在两个或者两个以上单位受聘或者执业;

(7)涂改、倒卖、出租、出借、复制或以其他形式非法转让资格证书、注册证书和执业印章;

(8)超出执业范围和聘用单位业务范围内从事执业活动;

(9)法律、法规、规章禁止的其他行为。

5 监督管理

5.1 监督管理的主体

县级以上人民政府建设主管部门、其他有关部门应当依照有关法律、法规和本规定,对注册建造师的注册、执业和继续教育实施监督检查。

5.2 注册信息共享

为了实现全国注册建造师的注册信息共享,《规定》第二十八条规定:"国务院建设主管部门应当将注册建造师注册信息告知省、自治区、直辖市人民政府建设主管部门。省、自治区、直辖市人民政府建设主管部门应当将注册建造师注册信息告知本行政区域内市、县、市辖区人民政府建设主管部门。"

尽管《规定》没有阐明注册信息的"告知"方式,但是它为实现全国注册建造师注册信息的共享,进而提高监管的效果和监管能力提供了保障。

5.3 建设主管部门的监督措施

《规定》第二十九条明确县级以上人民政府建设主管部门和有关部门履行监督检查职责时,有权采取下列措施:

（1）要求被检查人员出示注册证书；

（2）要求被检查人员所在聘用单位提供有关人员签署的文件及相关业务文档；

（3）就有关问题询问签署文件的人员；

（4）纠正违反有关法律、法规、本规定及工程标准规范的行为。

5.4 对注册建造师违法从事相关活动的监督与处置

《规定》第三十条规定："注册建造师违法从事相关活动的，违法行为发生地县级以上地方人民政府建设主管部门或者其他有关部门应当依法查处，并将违法事实、处理结果告知该注册建造师的注册机关。依法应当撤销注册的，违法行为发生地县级以上地方人民政府建设主管部门或者其他有关部门应当将违法事实、处理建议及有关材料及时报告该注册建造师的注册机关。"

5.5 撤消注册建造师的注册情形

国务院建设主管部门是对注册建造师注册、执业等相关活动的许可设立机关，它不仅负有对全国注册建造师注册、执业、继续教育等活动的监管权利和监管责任，同时对从事注册建造师注册审批相关活动的工作人员也负有监管责任和监管权利，《规定》第三十一条规定：

有下列情形之一的，注册机关依据职权或者根据利害关系人的请求，可以撤销注册建造师的注册：

（1）注册机关工作人员滥用职权、玩忽职守作出准予注册许可的；

（2）超越法定职权作出准予注册许可的；

（3）违反法定程序作出准予注册许可的；

（4）对不符合法定条件的申请人颁发注册证书和执业印章的；

（5）依法可以撤销注册的其他情形。

申请人以欺骗、贿赂等不正当手段获准注册的，应当予以撤销。

在注册活动中注册申请人、注册机关的工作人员的违法、违规责任《规定》的法律责任部分有明确规定。

5.6 注册建造师信用档案的建立

注册建造师及其聘用单位应当按照要求，向注册机关提供真实、准确、完整的注册建造师信用档案信息。

注册建造师信用档案应当包括注册建造师的基本情况、业绩、良好行为、不良行为等内容。违法违规行为、被投诉举报处理、行政处罚等情况应当作为注册建造师的不良行为记入其信用档案。

注册建造师信用档案信息按照有关规定向社会公示，公众有权查阅。

6 法律责任

6.1 隐瞒有关情况或者提供虚假材料申请注册的

《规定》第三十三条规定："隐瞒有关情况或者提供虚假材料申请注册的，建设主管部门不予受理或者不予注册，并给予警告，申请人1年内不得再次申请注册。"

6.2 以欺骗、贿赂等不正当手段取得注册证书的

《规定》第三十四条规定："以欺骗、贿赂等不正当手段取得注册证书的，由注册机关撤销其注册，3年内不得再次申请注册，并由县级以上地方人民政府建设主管部门处以罚款。其中没有违法所得的，处以1万元以下的罚款；有违法所得的，处以违法所得3倍以下且不超过3万元的罚款。"

6.3 未经注册许可执业的

《规定》第三十五条规定："未取得注册证书和执业印章，担任大中型建设工程项目施工单位项目负责人，或者以注册建造师的名义从事相关活动的，其所签署的工程文件无效，由县级以上地方人民政府建设主管部门或者其他有关部门给予警告，责令停止违法活动，并可处以1万元以上3万元以下的罚款。"

6.4 未办理变更注册而继续执业的

《规定》第三十六条规定："未办理变更注册而继续执业的，由县级以上地方人民政府建设主管部门或者其他有关部门给予警告，责令限期改正；逾期不改正的，可处以5000元以下的罚款。"

6.5 发生《规定》第二十六条所列行为之一的

《规定》第三十七条规定："注册建造师在执业活动中有第二十六条所列行为之一的，由县级以上地方人民政府建设主管部门或者其他有关部门给予警告，责令改正，没有违法所得的，处以1万元以下的罚款；有违法所得的，处以违法所得3倍以下且不超过3万元的罚款。"

6.6 未提供注册建造师信用档案信息的

《规定》第三十八条规定："注册建造师或者其聘用单位未按照要求提供注册建造师信用档案信息

的，由县级以上地方人民政府建设主管部门或者其他有关部门予以警告，责令限期改正；逾期未改正的，可处以1000元以上1万元以下的罚款。"

6.7 聘用单位为申请人提供虚假注册材料的

《规定》第三十九条规定："聘用单位为申请人提供虚假注册材料的，由县级以上地方人民政府建设主管部门或者其他有关部门给予警告，责令限期改正；逾期未改正的，可处以1万元以上3万元以下的罚款。"

6.8 县级以上人民政府建设主管部门及其工作人员在注册建造师管理工作中的法律责任

《规定》第四十条规定：县级以上人民政府建设主管部门及其工作人员，在注册建造师管理工作中，有下列情形之一的，由其上级行政机关或者监察机关责令改正，对直接负责的主管人员和其他直接责任人员依法给予处分；构成犯罪的，依法追究刑事责任：

(1)对不符合法定条件的申请人准予注册的；

(2)对符合法定条件的申请人不予注册或者不在法定期限内作出准予注册决定的；

(3)对符合法定条件的申请不予受理或者未在法定期限内初审完毕的；

(4)利用职务上的便利，收受他人财物或者其他好处的；

(5)不依法履行监督管理职责或者监督不力，造成严重后果的。

6.9 《规定》的施行日期

《规定》自2007年3月1日起施行。

7 注册管理体制改革

在管理体制改革方面《注册建造师管理规定》具有两大特点：实行属地化申报和信息化管理。

7.1 属地化申报

与目前工程系列其他执业资格一样，建造师的注册实行了属地化申报。这是对建筑业企业项目经理资质审批制度下管理体制的改革，改革触动最大的是中央企业，中央企业不能行使许可过程中的初审权了。这一改革符合《行政许可法》的要求，符合政企分开的原则，对于市场中其他企业而言，也符合公平、公正的原则。由于实行了属地化申报，对于中央企业分散在各地的下属企业也符合便民的原则，同

时可以节约申报成本。

为了适应这样的改革，在人才管理方面中央企业需要注意以下两个方面的问题。

第一、人才的管理手段。《规定》施行后，中央企业就不能再象项目经理资质管理那样，借助行使部分公共事务管理权来管理注册建造师了，而应以人才合同管理和企业内部机制为主要手段。

第二、人才的有序流动问题。这是中央企业最关心的问题之一，也是其他企业所关心的问题。聘用合同或工作调动证明是建造师初始注册、延续注册、专业增项注册、变更注册等活动中的要件，是企业包括中央企业行使管理权限的重要体现，《规定》赋予了包括中央企业在内所有企业通过合同进行管理的权限。人才的有序流动应通过人才合同管理来实现，这对企业和申请人都是公平的。

7.2 信息化管理

建立注册建造师信用档案，逐步推行电子政务，是注册管理体制改革的重要内容。公开的注册、执业以及继续教育等信息，为社会、为企业、为个人和政府在一个公共平台上参与公共事务管理和监督创造了条件。

8 监管模式创新

在监管方面，《规定》的创新在于提出了建立注册建造师信用档案，建立为政府、社会、企业和个人所共享的信息平台。信息平台将注册建造师的注册信息、执业信息等向社会公开，政府和社会可以按照《规定》的要求对注册建造师的执业活动进行有效管理和监督。同样，这一平台可以使行政审批公开、透明，让政府接受社会、企业和个人的监督。

注册建造师信用档案的建立，将有力促进个人自律、企业自律和行业自律，大大提高监管效率和监管质量，有利于促进政府职能的进一步转变。

9 配套办法

与《规定》相配套的《注册建造师执业工程规模标准》、《注册建造师施工管理签章文件目录》等一系列文件、办法以不同形式正在征求或已经完成了向社会征求意见。这些办法的出台，将对建造师注册、执业、继续教育等活动中规范各方行为起到积极作用。

新时期我国工程建设
和建筑业的改革与发展*

黄 卫

我国正处于城镇化快速发展时期,城乡建设日新月异,工程建设和建筑业为国民经济和社会的发展以及人民生活水平的提高发挥了重要作用。正确认识我国工程建设和建筑业在新时期经济社会发展中所处的重要地位,以及所面临的机遇与挑战,并采取措施切实加快建筑业的改革发展,是摆在我们面前的一项重要历史任务。

一、我国工程建设和建筑业改革发展取得明显成效

改革开放以来,特别是最近几年来,我国工程建设和建筑业发展迅速,规模持续扩大,效益不断提高,支柱地位日益凸显,对国民经济的支撑作用进一步增强。主要表现在:

(一)产业规模持续扩大,支柱作用日益增强

十五"期间,全国建筑业增加值累计达到3.86万亿元。2006年建筑业增加值继2005年首次突破一万亿元大关后,继续保持快速增长势头,达到11653亿元;全国有资质的总承包和专业承包建筑业企业完成建筑业总产值40975亿元,实现利润1071亿元,利润总额比上年增长30.92%。

---

* 本文为建设部副部长黄卫在"中国工程管理论坛2007·广州"的报告。

建筑业在相当一些地区成为本地财政的支柱性财源,税收贡献突出。建筑业对其上下游产业,起到了明显的拉动作用。*

(二)建筑业已经成为解决农民就业和增加其收入的重要渠道,为统筹城乡协调发展做出了贡献

据2004年全国经济普查数据,建筑业就业人口达到3252.4万人,占我国全部就业人口的4.3%。建筑业和建筑劳务输出已成为部分地区县域经济增长和农民增收的重要来源。江苏省建筑业2005年为农民创收430亿元,约占农民总收入的21%,苏中部分县(区、市)这一比例超过30%,个别乡镇超过50%。河南林州银行存款余额的70%来自于建筑业,农民强壮劳动力的70%从事建筑业,农民人均纯收入的70%得益于建筑业。

(三)建筑业生产力持续快速发展,工程质量安全水平不断提高

我国超高层、大跨度房屋建筑设计施工技术,大跨径桥梁设计施工技术,地下工程盾构施工技术等专项技术已达到或接近国际先进水平。长江三峡大坝、西气东输、南水北调、秦山核电等能源和水利工程,青藏铁路、杭州湾跨海大桥、上海东海大桥等路桥工程,以及举世瞩目的奥运场馆工程等一大批高水平高质量的建设工程,陆续开始建设或建成投入运行,产生了良好的经济社会效益和广泛的国际国内影响。建筑安全生产形势趋向稳定好转,自2004年起,我国房屋建筑和市政工程施工事故已经连续三年以较大幅度下降。

(四)建筑企业改革不断深化,结构调整取得明显进展

目前,大中型企业以股权多元化、中小型企业以民营化为特征的产权制度改革已全面展开。截至2006年,我国上市建筑业企业已达31家。江苏省建筑业企业产权制度改革已基本完成,内蒙古、浙江改制企业比例已达99%,山东、河北、天津、福建、宁夏等地改制企业比例超过85%。浙江、山东、湖北、湖南、内蒙古、云南等地民营建筑企业占企业总量的比例超过了90%。在改制过程中,一些民营企业还参股、控股、收购国有企业,有效地改善了原有体制和机制,为企业发展注入了新的生机和活力。

(五)国际竞争力明显增强,企业"走出去"势头良好

"十五"期间,我国对外承包工程累计完成营业额724亿美元,比"九五"时期翻了一番。2006年,对外承包工程完成营业额300亿美元,同比增长37.9%。对外承包工程承包方式不断创新,从上世纪80年代的以劳务分包、土建分包为主正在向更多地进行工程总承包、采用BOT、BT等方式转变。对外承包工程范围不断拓宽,从以房屋建筑为主到向交通、冶金、石油、化工、电力、通讯以至航空、航天及和平利用原子能等高技术含量、高资金含量领域拓展。对外承包工程规模不断扩大,上亿美元的大型项目数量由2000年的9个猛增至2005年的49个,最大合同金额从2000年的5亿美元增加到目前的62.5亿美元。

(六)行业组织结构日趋完善,产业集中度进一步提高

以大中型综合性总承包企业、中小型专业化承包和劳务分包企业为主的行业组织结构轮廓初步形成。企业围绕提高核心竞争能力,打破部门、行业、地区、所有制界限,在更大范围内开展兼并重组,区域性优势企业集群不断发展壮大。2006年,我国有3家建筑业企业进入世界500强。全国前三名最大规模建筑业企业总承包项目的总营业额均为900亿元以上,前十名均在157亿元以上,建筑业的产业集中度进一步提高。

(七)监管体系不断完善,市场秩序明显好转

2006年,全国各级建设行政主管部门再接再厉,抓紧完善并实施严禁政府投资项目以带资承包方式进行建设等六项制度,较好地完成了国务院确定的"三年基本解决清理拖欠工程款和农民工工资"的工作目标,初步形成了防止拖欠的长效机制。通过加强施工许可管理,强化对合同履约的监管等手段有效地遏制了转包、挂靠、违法分包、拖延结算等行为。通过完善工程建设招投标制度,加强对招投标执行的监督管理,大力查处了一批违法违规行为。建筑市场信用体系建设取得了较大进展,制定了《建筑市场责任主体行为诚信管理办法》,全国

80%的省(区、市)建立了"失信单位名录",加强了信用管理。

(八)专业化人才体系初具规模,职业技能培训进一步加强

建设领域已拥有两院院士87人,勘察设计大师381人,各类执业注册人员25万人,专业技术管理人员300万人。培训生产一线操作人员300多万人,建立职业技能培训机构800多个、鉴定机构700多个,关键岗位持证上岗率超过90%。针对农民工的培训教育不断加强,通过岗位练兵、技能大赛等多种途径激发农民工学习技术、钻研业务的积极性,营造出尊重劳动、崇尚技能的良好氛围。2006年,共完成农民工职业技能培训106万人,进行技能鉴定82万人。目前,包括企业经营管理人员、专业技术人员和一线操作人员在内的建设人才队伍逐步形成,结构日趋合理,素质稳步提高。

二、进一步提高对建筑业改革与发展工作重要性的认识

建筑业是我国国民经济的重要组成部门和支柱产业,加快和深化建筑业改革与发展,是建设领域贯彻落实"三个代表"重要思想和牢固树立科学发展观的必然要求,对推进经济结构调整、加快经济增长方式转变,促进国民经济又好又快发展,提升综合国力具有重要意义。在新的形势下,我们要进一步提高对建筑业改革与发展工作重要性的认识,不断增强做好建筑业改革与发展工作的责任感和紧迫感。

(一) 加快建筑业改革与发展是解决民生问题,建设社会主义和谐社会的重要内容

社会主义和谐社会的重要内容之一即是促进城乡统筹发展。我国传统二元经济体制严重制约了农村经济的发展,造成了城乡发展水平严重失衡。建筑业是劳动密集型产业,是农村剩余劳动力进城务工的主要领域。据统计,我国建筑业容纳着三千多万农民工就业,容纳人数占到农村剩余劳动力总数的三分之一以上。要解决农民就业,增加农民收入,一定程度改变城乡发展严重失衡的状况,建筑业发挥着重要的作用。可以说建筑业改革

与发展的成效直接影响到我国城乡间利益关系的协调,影响到我国城市化、工业化进程,影响到农村的经济发展和社会稳定。因此,加快建筑业改革与发展,切实维护农民工权利,有利于缓解农村剩余劳动力的就业压力,有利于更好地解决"三农"问题,促进城乡的统筹发展,加快建设社会主义和谐社会的步伐。

(二) 加快建筑业改革与发展是构建资源节约型、环境友好型社会的必要条件

我国人口众多,人均自然资源短缺、能源严重不足。要实现国民经济的健康快速增长,必然要走一条节约资源、保护环境的可持续发展道路。建筑能耗巨大,约占全国能耗总量的28%。我国既有建筑近400亿平方米,大量的是高耗能建筑,每年城乡新建房屋建筑面积近20亿平方米,相当一部分也是高耗能建筑,特别是大型公共建筑和政府办公建筑的能耗惊人。据测算,目前我国单位建筑面积能耗是发达国家的2~3倍以上。因此,加快建筑业的改革与发展,推动建筑业科技进步,对于缓解我国煤电油运的紧张状况,减少发展过程中能源瓶颈的制约,转变建筑业的经济增长方式,加快资源节约型、环境友好型社会目标的实现都具有重要意义。

(三)加快建筑业改革与发展是推动产业结构优化升级的重要途径

我国拥有大大小小建筑企业几万家,其中绝大多数是小型建筑施工企业。产业结构的失衡严重制约了我国建筑业的发展,不利于社会生产力的有效集中,不利于自然资源的高效利用,不利于企业竞争力的快速提升。因此,必须加快建筑业的改革与发展,强化政府引导和市场调控,以形成工程总承包、专业承包、劳务分包合理布局的企业结构,打破部门、行业、地区和所有制限制,强化技术、资金、人才等生产要素的作用。

(四)加快建筑业改革与发展是迎接激烈国际竞争的迫切需要

我国加入WTO五年来,建筑业企业实力不断增强,综合竞争力显著提高。但同发达国家的大型工程承包商相比,我们的企业在组织运行机制、管

理水平、工程项目全过程管理、融资能力、技术创新能力、市场开拓能力等多方面都存在着较大的差距。目前,WTO过渡期已经结束,大型国际工程企业的触角已经开始并逐步伸向我国工程建设的各个领域。我们只有加快改革与发展的步伐,才能与拥有众多竞争优势的境外承包商,在大型工业项目、能源项目、土木工程、大型标志性建筑、人才等方面进行有效的竞争,才能在激烈的市场竞争中始终立于不败之地。

三、切实推进我国工程建设和建筑业改革与发展

"十一五"是我国经济社会发展的关键时期。交通、水利、航天、化工、能源等众多大型工程项目,统筹城乡发展所需大量基础设施,以及满足人民群众日益增长需要的公用设施的建设为建筑业工作者提供了大显身手的好机会,为建筑业的改革发展提供了难得的机遇。我们必须以科学发展观为统领,从战略的高度充分认识并牢牢抓住这个机遇,不断开拓创新,不断完善体制机制,着力推进结构调整和产业升级,加快转变增长方式,实现我国建筑业跨越式的发展。

(一)坚持以改革促发展,提升行业整体素质

当前,我国建筑业已经进入结构调整和增长方式转变的关键时期,改革发展中尚有不少问题亟待解决,仍有很多矛盾亟待化解。如何进一步完善现代企业制度,加快科技创新,提高项目管理水平,增强核心竞争力,开拓海外市场,都需要政府部门、行业协会和企业认真思考和研究解决。这就要求我们必须始终如一地坚持以改革总揽全局,以改革促进发展,以改革的手段解决发展中的问题,进一步提高建筑业的整体素质和竞争力,建立健全符合社会主义市场经济要求和工程建设规律并与国际惯例接轨的工程建设管理体制与运行机制,充分发挥建筑业在国民经济和社会发展中的支柱产业作用。

(二)大力推行工程总承包,进一步提高综合效益

工程总承包最主要的特点是实行设计、采购、施

工一体化,变设计单位、施工单位和业主之间的交易成本为总承包单位内部的制度成本,在工程项目的管理过程中实现资源的最佳配置。我们要大力推行工程总承包,逐步改变传统的设计、施工分离的项目实施方式,充分发挥设计咨询单位在工程建设中的龙头作用,以及施工承包单位整合各类社会资源的集成能力,实现设计与施工环节的相互渗透,提高建筑企业经营管理的综合效益。同时,鼓励部分建筑设计企业与大型施工企业重组,促进设计与施工的结合与发展。

(三)提升企业科技创新力,转变建筑业增长方式

要想提升我国建筑企业核心竞争力、缩小与国外大型建筑集团之间的差距,必须走科技强企之路,提高企业技术创新能力。要结合实际,制定建筑业中长期技术创新规划和技术经济政策,构建有利于企业技术创新的合理机制,进一步增强企业原始创新、集成创新、引进消化吸收再创新能力。要大力发展节能省地型建筑,发展建筑标准件,加大建筑部品部件的工业化生产比重,提高施工的机械化水平,促进建筑业增长方式的根本性转变。鼓励建筑业企业以大型工程项目为平台,组织产学研联合攻关。坚持运用信息技术来提升企业项目管理水平,加快产业升级步伐,实现建筑业的跨越式发展。

(四)完善工程建设标准,强化社会服务功能

制定科学、合理的建设标准对于顺利完成"十一五"规划确定的节能降耗标准,实现全面建设小康社会的宏伟目标具有重要意义。必须突出重点,抓紧制定关于资源能源节约、土地合理利用、环境保护、重要基础设施建设等方面的标准,更好地发挥工程建设标准在"四节一环保"中的作用。逐步推进建设标准强制性条文向技术法规发展,加快实现技术立法。充分借鉴国际先进标准,积极参与国际标准化工作,全面提高我国工程建设领域标准化水平,加快与国际工程建设标准接轨的步伐。鼓励建筑业企业制定具有自身特点的企业技术标准和施工工法,不断增加企业的核心竞争力。要尽快完善政府投资工程、公共服务设施、城市基础设施、重要

战略能源储备等工程的建设标准,提升标准的社会服务功能。

(五)加强建筑市场监管,净化建筑市场环境

健康良好的建筑市场秩序需要政府部门、行业协会和建筑企业共同努力才能形成和维持。建设行政主管部门要从体制、机制上探索、完善解决拖欠问题的长效机制。要贯彻落实勘察设计企业、建筑业企业、招投标代理机构以及工程监理企业资质管理规定,修订完善相关资质标准。加强企业资质许可、个人执业资格注册行为的监管,依法处罚弄虚作假、伪造证书、骗取证书等行为。进一步完善招投标制度,探索研究经评审的合理低价中标的评标办法。建筑业企业要进一步规范自身经营行为,在提升企业核心竞争力上下功夫,合法经营,规范投标,不搞商业贿赂,不拖欠农民工工资,确保工程质量安全,树立良好的社会形象。

(六)提升企业核心竞争力,积极实施"走出去"战略

按照市场需求、优势互补、企业自愿、政府引导的原则,鼓励具有较强海外竞争力和综合实力的大型建筑业企业为"龙头",联合、兼并科研、设计、施工等企业,实行跨专业、跨地区重组,形成一批资金雄厚、人才密集、技术先进,具有科研、设计、采购、施工管理和融资等能力的大型建筑企业集团。建筑企业要加强战略管理,要从全局和长远的角度做好发展规划,充分考虑内外各种因素,整合多种资源,积极谋划企业经营战略和人才战略。要完善企业人才结构,不但要培养项目经理和工程师,还要培养法律、金融等方面的人才。要提高在世界范围组合生产要素的能力,发展核心和优势技术,尽快使本企业的经营规模、技术质量安全管理水平和净资产收益率等达到国际同行先进水平,从而为产业拓展和"走出去"打下基础。政府部门要有选择地将我国的技术标准翻译成外文,为企业走出去提供公共服务。

(七)加快完善法律法规,保障改革发展进程

《建筑法》颁布实施以来,对规范建筑市场秩序、保证工程质量安全、提高工程建设管理水平发挥了重要的作用。但是,随着我国经济社会的发展,建筑领域出现了一些新情况、新问题,《建筑法》对市场突出问题的规范力度等明显不够。通过《建筑法》的修订,切实解决《建筑法》适用范围狭窄、监督管理体制不顺等问题,使新时期工程建设和建筑业改革发展与建设节约型社会、和谐社会相适应,使《建筑法》成为一部权利义务清晰、职能责任明确、制度设计科学、操作性强的法律,为我国工程建设事业和建筑业的健康发展提供法律保障。

建设部:"关于征求《注册建造师执业管理办法》(征求意见稿)意见的通知"

(建市监函[2007]19号)

通知指出:为规范注册建造师执业行为,加强注册建造师监督管理,根据《注册建造师管理规定》(建设部令第153号),我们组织起草了《注册建造师执业管理办法》(征求意见稿)。《办法》规定了注册建造师执业监督管理体制、执业范围、行为规范、签章要求和违法违规行为处罚等内容。现印发给你们,请组织有关单位认真讨论,并于2007年5月15日前将书面修改意见送建设部建筑市场管理司。

《办法》可在中国建造师网站(www.coc.gov.cn)下载。

中国工程管理发展的新起点——
中国工程管理论坛2007·广州

2007年4月6~9日,由中国工程院、广州市人民政府主办的"中国工程管理论坛2007"在广州举行。350名与会代表围绕着"中国工程管理发展现状及关键问题"这一主题,进行了广泛、深入的讨论,交流了工程管理的经验与成就,探讨了工程管理的范畴、目标和任务,分析了现状,提出了发展迫切需要解决的关键问题及对策建议,展望了工程管理的未来及发展趋势。与会代表达成共识,共同发表《中国工程管理论坛2007·广州——共识和建议》。

2007年4月7日,由广州市政府和中国工程院联合主办的首届全国性工程管理论坛,在广州开幕,中国政协副主席、中国工程院院长徐匡迪担任了论坛名誉主席。本次论坛的主题是我国工程管理的发展现状及关键问题。来自全国工程界的多位学者和专家在会议上,交流了工程管理的先进理念与成功经验,并共同探讨我

国各行业工程管理的现状、成就和未来。这次论坛还通过部分会议论文、学术报告和广州市重点工程参观,向与会的学者和专家展现广州的工程建设成就及先进的工程管理水平。建设部副部长黄卫,中国工程院副院长刘德培,铁道部原副部长孙永福院士,中国科协副主席、党组副书记齐让,广州市委常委、常务副市长苏泽群、广州市政府秘书长陈如桂出席了本次论坛的开幕式。这次论坛吸引了全国管理工程方面的20名院士和诸多顶尖学者及企业负责人300余人参加。

建设部黄卫副部长就中国建设行业发展形势做了精彩的报告,铁道部原副部长孙永福院士做了关于青藏铁路工程管理创新实践的报告,还有多名工程院院士做专题报告,企业界和学研界还有多位专家做了相关专题报告。与会代表达成共识,共同发表《中国工程管理论坛2007·广州——共识和建议》。

中国工程管理论坛2007·广州

共识和建议

2007年4月8日通过

当今中国,政通人和,社会发展,经济繁荣,神州大地正展开着举世瞩目、规模宏大的工程建设,中国工程管理的发展正处于新的关键历史时期,迎来了振奋人心的大好机遇,也面临着前所未有的严峻挑战。

2007年4月6日至9日,由中国工程院、广州市人民政府主办的"中国工程管理论坛2007"在广州举行。三百五十名与会代表围绕着"中国工程管理发展现状及关键问题"这一主题,进行了广泛、深入的讨论,交流了工程管理的经验与成就,探讨了工程管理的范畴、目标和任务,分析了现状,提出了发展迫切需要解决的关键问题及对策建议,展望了工程管理的未来及发展趋势。与会代表达成共识,共同发表《中国工程管理论坛2007·广州—共识和建议》。

肩负重大使命

我国工程实践源远流长,长城、都江堰等是古代工程的成功典范。新中国成立五十多年来,两弹一星、载人航天、三峡工程、青藏铁路等一大批重大工程和大规模的城市建设取得了巨大成就,其规模和水平都堪居世界前列。然而,我国工程建设的总体水平与世界先进水平相比,仍有较大差距。

工程管理是对工程进行的决策、计划、组织、指挥、协调与控制,它具有系统性、综合性和复杂性。先进的工程管理可以保障工程决策的正确性和投资目标的有效实现,能够鼓励创新思维与工程管理的相互促进,推动创新技术的开发与应用,并能降低能源资源消耗,提高效率和效益;现代化的工程管理强调以人为本、尊重自然,促进工程与人类、自然的和谐发展。因此,发展工程管理事业,推动经济繁荣和社会进步,为中华民族的伟大复兴和人类社会的发展做出贡献,是工程管理界肩负的重大使命。

提升学科地位

我国工程建设的快速发展需要大量的工程管理人才,积极推进工程管理教育,任重而道远。目前全国已有近300所高等学校开设了工程管理专业,领域广泛。工程管理专业适应人才市场需求,具有时代特色,体现了专业性、综合性和应用性相互融合的现代学科特点,已经成为我国高等教育学科中的一个重要门类。为了促进我国工程管理事业的发展,应进一步提升工程管理的学科地位,建立完善的学科体系、知识体系和组织体系,从而保障工程管理理论的深入研究、教学队伍的稳定发展和工程管理专业人才的培养。因此,与会代表建议,在我国普通高等学校本科、硕士、博士的学科专业目录中,将工程管理设置为一级学科,从而有力地推动工程管理专业人才的培养,促进创新型工程管理人才队伍的发展。

完善职业教育与执业认证

目前我国有大批的专业人员从事工程管理工作，开始建立了相关的执业资格考试与认证制度。社会对工程管理职业教育与执业认证的高度关注，反映了市场对工程管理复合型人才的迫切需求，工程管理人员知识水平和从业能力的持续提高刻不容缓。与会代表建议，积极推进工程管理职业教育与执业资格认证，设置招收在职人员的工程管理硕士（MEM）专业学位，早日在全国范围内遴选若干条件较好的高等学校开展试点工作。同时，积极推动设立工程管理师职称系列和建立工程管理师执业认证体系，给工程管理专业人员以职业上的承认和水平上的认定。

关注和推动持续发展

随着科学技术的迅猛发展，工程管理领域的新问题不断涌现，需要工程管理界以开放的思维，不断创新工程管理理论和方法，结合中国实际，开拓国际视野，推动我国工程管理学科领域的持续发展。与会代表建议，以"中国工程管理论坛2007"为起点，继续举办全国性的工程管理论坛，发起筹组全国性的一级学会"中国工程管理学会"，推进创立《工程管理学报》杂志，组

建机构，构筑平台，加强交流，促进我国工程管理事业的健康发展。

与会代表坚信：通过工程管理界同仁和社会各界的不懈努力，我国工程管理一定能取得长足发展，在有关部门的积极支持下，用5年的时间，规划学科，凝聚人才，搭建平台，强化功能，使我国工程管理水平跃上一个新的台阶；用15年到20年的时间，使我国工程管理达到世界先进水平，为经济繁荣和社会进步做出更大的贡献。

工程是人类为了生存和发展，实现特定的目的，运用科学和技术，有组织地利用资源所进行的造物或改变事物性状的集成性活动，具有技术集成性和产业相关性。

在我国大规模的工程建设中，科学的工程管理发挥了巨大作用，涌现了一大批优秀的工程管理人才，工程管理学科也获得快速发展。随着信息时代的来临和高新技术产业的迅猛发展，工程管理的应用领域迅速扩大，不仅普遍应用于土木、建筑等领域，而且已经在石油、化工、冶金、矿业、电子、通信、计算机、软件、生物、制造、航天、国防、金融、保险等行业，甚至政府职能部门中也得到广泛运用。建造师执业资格考试及相关制度的推行，也必将对工程管理人才的培育、考核、管理、发展提供新的平台，必然与工程管理学科的发展相辅相成，为工程管理水平的提高增添人气。

"工程管理论坛2007，中国"是由中国工程院发起和组织的第一次全国性工程管理论坛。得到了全国工程界和学术界的广泛和强有力的支持和参与，共同探讨我国各行业工程管理的现状、成就和未来，为我国工程管理的发展起到应有的推动作用。

本次论坛除了广泛征集稿件，内容涉及土木、建筑、石油、化工、冶金、矿业、电子、通信、计

算机、软件、生物、制造、航天、国防、金融、保险等行业内容，是了解大型工程和工程管理前沿信息的好途径，本论文集将有中国建筑工业出版社正式出版。会上中国建筑工业出版社还相与会代表赠送了《中国建筑业改革与发展研究报告（2006）》和《建造师4》，与会代表表示这两本书对于指导其实践有很大意义，并表示继续关注和支持《建造师》的发展。

王素卿强调,我国加入WTO过渡期已经过去。今后,凭借在工程总承包、工程设计、咨询、管理方面的优势,国际大型承包商将以各种方式在我国取得更大的市场份额,这无疑将对促进我国建筑市场管理方法和管理技术水平的提高,加快与国际接轨产生重要影响。我国政府将在不断提高对外开放水平的进程中,逐步实现"量"到"质"的根本转变,使利用外资的重点切实转向引进先进技术、管理经验和高素质人才,切实提升监管和服务能力,为国内外企业营造更加宽松的经营环境,提高中国建筑业的整体实力。

为国内外企业营造宽松环境
提高我国建筑企业整体实力

——建设部建筑市场管理司司长王素卿畅谈我国加入WTO五年

2006年12月11日,中国加入WTO五周年。按照入世承诺,建筑业将结束入世过渡期,迎来全面对外开放的新时期。如何评价过去的五年?如何迎接已经到来的全面对外开放的新时期?

总的说,过去的五年,我国政府在履行承诺的基础上,全面完成了入世议定书中承诺的建筑市场开放的各项义务,建筑业的对外开放,从改革开放之初的探索阶段,逐步进入稳步健康的发展阶段,行业整体竞争力不断提高,为保持国民经济持续快速发展作出了贡献。

我们知道,建筑业是我国80年代实行改革政策后最早开放的行业之一。从1984年开始,我国工程建设领域开始实行招标投标制度,改变了过去的由政府行政分配任务的做法,建筑市场的竞争机制开始建立。工程建设招投标制度在我国的建立和发展,为有竞争实力的境外承包商进入中国建筑市场承包工程提供了条件。云南鲁布革水电站引水隧洞工程是我国利用世行贷款进行的第一个国际招标项目,日本大成公司在该工程的国际招标中依法中标,从此拉开了境外承包商在中国境内承包工程的序幕。

改革开放以来，我国政府在允许境外从事工程设计、施工的企业在国内从事相关业务等方面进行了积极的探索，出台了哪些相关的法规和政策？

关于外国设计机构的市场准入，我们做出了以下规定：一是对外国设计机构从业活动的规定。1986年，原国家计委、对外贸易经济合作部发布的《中外合作设计工程项目暂行规定》，明确了外国设计机构在国内设计的项目范围，以及项目主管部门对于外方设计机构的资格审查。2000年，建设部印发《建筑工程设计招标投标管理办法》，规定"境外设计单位参加国内建筑工程设计投标的，应当经省、自治区、直辖市人民政府建设行政主管部门批准"。二是对中外合作设计机构从业活动的规定。1992年，建设部和对外贸易经济合作部发布《成立中外合营设计机构审批管理规定》，允许国际市场上有较强竞争能力的注册设计机构或注册建筑师、注册工程师与中国境内设计单位开办中外合营设计机构。2000年，为了促进工程设计专业化的发展和设计水平的提高，建设部发布了《关于国外独资工程设计咨询企业和机构申报专项工程设计资质有关问题的通知》，允许外国设计机构在中国境内成立从事专项工程设计活动的独资设计企业，并可独立申请建筑装饰、建筑智能化等工程设计专项资质。

有关建筑施工领域的市场准入规定，我们做出以下两方面规定：一是关于外国企业直接承包工程的规定。为了规范日益增多的外国企业从业活动，1994年建设部颁布《在中国境内承包工程的外国企业资质管理暂行办法》以及配套实施细则。规定允许外国企业直接进入中国市场承包工程，但承包工程地域以及承包工程范围受到限制，从业活动需取得建设主管部门颁发的《外国企业承包工程资质证书》。二是关于外商投资合资、合作企业的规定。1995年，建设部和对外贸易经济合作部联合颁发《关于设立外商投资建筑业企业的若干规定》以及实施意见。明确规定不允许设立外商独资企业，合资合作企业的注册资本金高于内资企业，并具有承

包外资项目的义务。

从以上对外开放初期的政策可以看出，改革开放后，建筑业的对外开放政策处于不断的探索状态，在允许外国企业进入的主体方式上，与国内企业的要求并不同步。对于以商业存在方式进入中国市场的模式是否具有真正的进步意义并不确定。因此，在设计和施工领域普遍限制外商独资企业的设立；对于中外合作设计、施工的方式，由于希望通过中外合作，吸引外方的先进技术和设计理念，提高中国企业的管理水平，则采取肯定的态度。这些规定推动了建筑业改革开放的进程，对于我国在入世谈判中以稳妥、务实以及积极的态度提出市场准入承诺，提供了实践经验。中国加入WTO后，以上法规文件废止了。

改革开放以来，出现了大量中外合资、合作建筑业企业，境外承包商也进入了中国建筑市场。从目前看，成果如何？

从外国企业在中国境内承包工程情况看，截至2000年，在中国境内承包工程的境外建筑业企业（包括建设部和地方建设行政主管部门颁发的单项资质证书）共有136家，分别来自15个国家和地区，其中香港公司最多，超过总数的50.74%；其次是日本，有18家企业，占总数的13.2%；其余国家的企业为10家以下。至2002年底，取得建设部颁发的跨地域承包工程资质证书的企业共78家，来自11个国家和地区。从境外公司在中国境内承包工程的数量来看，香港公司虽然数量较多，但承包工程额并不是很大，所做的项目基本以装饰装修和设备安装为主，多为分包项目，工程总承包方式并不多。日本公司数量其次，承包的工程项目基本以日本投资工程项目为主。而美国、日本、德国的建筑公司均为世界知名大型承包商。如美国的柏克德、福陆丹尼尔公司、日本的大林组、清水建设、德国的旭普林等，这些承包公司的数量不多，承包工程的项目数量也较少，但工程承包额很大，且多采取项目管理以及总承包方式。

由于我国对于外国企业在中国境内承包工程的范围有限制，因此以上外国企业在中国境内承包的工程项目主要集中在以下几类项目：世界银行贷款

项目、外商投资的大型工业项目、外商投资的高档楼宇总承包项目,日本、韩国的民间投资项目,业主与承包商有特定合作关系(因生产技术秘密等原因)以及使用特殊进口施工设备项目(在疏浚、地下等工程中,使用国外大型高科技施工设备项目)。

从外商投资设立的中外合资、合作建筑业企业来看,一共有1000家左右,主要集中在北京、上海、江苏、福建等经济发达及沿海开放地区,西北部地区相对比较少。外方投资者主要来自26个国家和地区,香港为最多,其次为美国、台湾、日本、新加坡等国家和地区。由于我国在建筑装饰装修工程的设计和施工上的相关材料、技术、工艺等能力不强,而随着经济的发展,国内的高档楼宇、宾馆、大型娱乐场所等越来越多,中外合资、合作企业利用其材料、技术、管理等优势,承包工程项目3/4集中在装饰装修的工程承包项目上。而从其级别上看,中外合资、合作企业大多集中在二级资质的企业,主要定位于从事中小型工程的专业工程和建筑装饰装修承包工程活动上。

截至2002年底,共批准中外合资设计企业134家,其中,港澳台企业117家,外商独资企业9家,港澳台独资企业8家。

关于我国建筑业入世承诺的有关问题,能否进一步做一些解释?

关于建筑设计服务市场准入承诺:对于方案设计的市场准入没有限制;除方案设计以外的设计要求与中国专业机构合作;允许设立合资、合作企业,允许外方拥有多数股权。中国加入WTO五年内,允许设立外商独资企业。

国民待遇承诺:外国服务提供者应为在其本国从事建筑、工程、城市规划服务的注册建筑师、工程师或企业。

关于建筑及相关工程服务市场准入承诺:允许设立中外合资、合作建筑业企业,允许外资控股。中国加入WTO后三年内,允许设立外商独资建筑业企业。外商独资建筑业企业只允许承包以下四类项目:全部由外国投资或拨款资助的建设项目;由国

际金融组织资助并通过依据贷款协议条款进行国际招标而授予的建设项目;外商投资等于或超过50%中外合营建设项目和外商投资少于50%但技术上难以由中国建设企业单独执行的中外合营建设项目;由中方投资,但中方建筑企业难以单独执行的建设项目,经省级政府批准,可以由中外建设企业联合承接。

国民待遇承诺:中国加入WTO后3年内取消建筑企业注册资本要求与国内企业的差别要求;取消对合资、合作建筑业企业承包外资工程的义务要求。

关于外商投资法规政策方面,我们制定了哪些政策?

根据中国入世承诺,2002年,建设部和对外贸易经济合作部联合出台了第113号令《外商投资建筑业企业管理规定》和114号令《外商投资工程设计企业管理规定》,以后,又相继出台了113号令的实施意见以及补充规定,《外国企业在中国境内从事设计活动的暂行规定》,进一步健全了外商投资建筑设计和施工企业的法律规范。

以上规定,在工程设计和施工领域确定了以下准入原则:

——外国企业在我国境内开展工程设计和施工活动需设立企业法人,并取得建筑业企业资质证书或工程设计企业资质证书。

——外商投资企业法人形式有三种:外商独资企业、中外合资经营企业、中外合作经营企业。其中外商独资建筑企业允许承包四类建筑工程。外商独资、合资、合作设计企业以及中外合资、合作建筑企业承包工程范围同国内企业同等待遇。

——外商投资设计和建筑企业的资质取得标准实行国民待遇。

——考虑到外国企业在中国境内承包工程的实际情况,并做好入世前后对外开放法规政策的衔接工作,对于外商投资建筑企业,建设部制定了一系列的优惠政策,内容包括:允许外资企业直接申报相应资质等级;放宽外商投资建筑企业中聘用的项目经理以及经济技术管理人员要求;允许外国企业在申

报资质时申报海外工程业绩。同时,在相关规定中设置了较长时间实施113号令的过渡期,为外国企业在中国境内顺利完成企业设立和资质申请工作创造了条件。

入世五年来外资企业的发展状况如何?

入世后建筑业对外开放法规政策的出台,从国内法的角度确立了我国建筑业对外开放、外资企业进入中国市场的合法地位。对于外商投资企业在中国从事工程建设活动实行国民待遇,与国内企业实行统一的资质标准,初步实现了内外资企业资质管理制度的并轨。对外开放中的优惠政策,以及中国建筑市场的巨大潜力,对于具有工程项目管理经验以及在资金、设备、技术方面占有优势的外商投资建筑业企业来说,带来了巨大的商机,境外公司纷纷抢摊中国市场。

20世纪90年代的"北京十大建筑",中外合作建设的只占4项。但是进入21世纪以后,北京的标志性建筑中,外国建筑师参与设计的约占了九成。北京目前的超高层办公楼、京广中心、京城大厦、国贸中心,以及国家大剧院、中央电视台新址、国家游泳中心(奥运水立方)、国家体育馆(奥运鸟巢)项目等,均采用境外建筑师的方案。

据建设部初步统计,截至2006年10月,来自全球30多个国家和地区的投资者在中国境内设立了企业,其中,建筑设计和施工企业数量已达1400多家,远远超过了入世之前的企业数量。其中,来自美国、日本、新加坡、韩国等的企业都达到100家左右。全球最大的225家国际承包商中,很多企业已经在中国开展业务。

外商投资企业在中国境内的分布更加广泛,从东到西,从南到北,都可以找到外商投资建筑企业在中国承包的工程项目。其中,经济发展较快的上海、江苏和北京成为外商建筑企业最为集中的省市,分别设有外商投资企业200多家。外资建筑企业在中国的自主经营权利得到全面承认。在1400多家外资企业当中,外商独资企业以及外资控股企业达700多家,充分显示了中国建筑市场开放的广度和深度。

在不断完善建筑市场法律法规体系方面,我们做了哪些工作?

入世五年来,一批旨在促进设计、施工总承包、中介咨询企业结构调整、发展担保和保险、加强质量安全管理和工程建设监管的相关规定相继出台;适应新形势要求,维护市场公平交易、建筑节能、政府投资工程组织实施管理、村镇建筑市场、质量管理、加强安全生产管理等法规制度制定起步并取得初步成果;配合《行政许可法》的实施和履行入世承诺,有关企业资质管理规定、资质审核标准开始修订,进一步体现了政务公开、方便行政许可相对人的原则;《建筑法》修订工作全面展开,适应依法行政、建设和谐社会和节约型社会的要求,针对建筑市场运行过程中反映的突出问题,更加强调建立统一的建筑市场,实现建筑市场交易规则的合理化,促进工程建设交易主体的发展,鼓励和保障建筑节能、科技进步,强化政府的建筑市场监管手段,提高法的可操作性。以上修订全面反映了建筑市场机制建设和建筑市场管理的进步。

入世五年来,各地投标担保、履约担保进一步发展,在建设行政主管部门的推动下,全国范围内的房地产开发项目推行工程建设合同担保已成趋势。越来越多的省、市通过制度建设,积极推行投标担保、工程款支付担保、工程履约担保。工程保险也得到了较快发展,法律法规强制推行的意外伤害保险推行已达27个省,一些省市探索并实行执业责任险、质量保险等新险种,建设工程规避风险采用各类商业保险的保险费用支出大幅度增加。

部署建立建筑市场有关企业和专业技术人员信用档案工作,《建设部关于加快推进建筑市场信用体系建设工作的意见》出台,全国建筑市场信用管理体系建设开始启动。

建设部和铁道部联合颁布《关于进一步开放铁路市场的实施意见》,进一步开放铁路建设市场。据不完全统计,五年来,各地已废止或修订带有地区封锁内容的地方性法规和规范性文件近300件,普遍取消了外地企业招标投标许可证和外地企业进入许可证，许多省市已经将外地队伍进入本地市场的审批制改为备案制，取消了外地队伍管理费等歧视性政策。

到目前为止，全国336个地级以上城市（含地、州、盟)已有325个建立了有形建筑市场，建筑市场的公开、公平、公正交易得到交易主体和社会各方的肯定和认可。

按照党中央、国务院的要求和统一部署，清理建设领域拖欠工程款基本达到了预期目标，农民工工资问题得到基本解决。

我国建筑业在过去五年的发展状况如何?

过去五年，我国建筑业得到持续快速健康发展。2001年至2005年，建筑业总产值年均增长21.7%，建筑业增加值年均增长15.4%;2005年，我国建筑业的发展达到了历史最高水平，建筑业增加值首次突破万亿元大关，实现增加值10133.8亿元，占GDP的5.5%;建筑业从业人数达到4000万人，占全社会从业人数的5.3%。

在全社会固定资产投资总额中，由建筑业完成的建筑安装工程投资占65%左右，较好地完成了国家重点工程、城市基础设施和城乡住宅建设的任务，完成的大型项目有京九铁路、内昆铁路、上海金茂大厦、黄河小浪底枢纽工程、三峡工程等。这些工程项目的建成投产或交付使用，进一步增强了我国的综合国力，改善了人民的物质文化生活。

入世五年来，在建筑市场对外开放的激烈竞争与合作中，我国建筑业资源得到重组，企业改革力度不断加大，彻底改变了过去的传统管理模式，建立起适应国际竞争要求的企业经营管理体系，竞争力进一步提高。目前，全国建筑业企业有10万多家，其中特级资质建筑业企业209家，一级资质建筑业企业5486家;全国共有勘察设计企业13000家，其中甲级勘查设计单位4083家，乙级设计单位3220家;工程监理企业6300多家，其中甲级监理单位1486家;招标代理机构5000多家，其中甲级招标代理机构950家。

入世五年来，"走出去"战略取得骄人业绩，对外工程承包营业额迅速增长。2005年完成海外营业额216.7亿美元，比加入世贸组织当年的2001年89亿美元增长了144%。同期，进入世界最大225家国际承包商的中国企业也增加到46家，中建总公司连续跻身前20强。46家中国公司的海外营业额达到了100.67亿美元，比上年的83.33亿美元增加了20%，占225强国际市场营业额的5%。在225强的前100强中，中国公司有12家。中国公司有3家突破了100亿美元大关，分别是中铁工、中铁建和中建总，紧随其后的是中国交通建设集团，全球营业额达到93亿美元。2006年，中国铁路工程总公司和中国建筑工程总公司首次跻身美国《财富》杂志世界500强。充分显示了中国企业在对外开放中获得了新的生命力。

1. 我和一些同事们想了解一下，同时通过装饰装修和房屋建筑专业考试的人员和只通过其中一个专业考试的人员在注册时有些什么要求？对专业合并前都通过考试的人员是否有一定的倾斜？对合并前只通过其中一个专业考试的人员是否要进行其他的补考或培训？

关于专业合并的问题人事部、建设部联合发布的《关于建造师资格考试相关科目专业类别调整有关问题的通知》(国人厅发[2006]213号)已有明确规定，通过装饰装修、房屋建筑专业或两个专业都通过并取得资格证书或合格证明的，均可与新的建筑工程专业资格证书或合格证明等效使用，注册时都可以申请注册建筑工程专业，在政策上没有倾斜的规定或额外的要求。

受管理体制等因素的制约，一级建造师最初设置了14个专业，随着制度的完善与发展，目前已由14个专业调整为了10个专业。从长远来看，建造师专业设置仍有调整的空间。

2. 请问06年已通过一级建造师考试的人员07年报考第二专业时按旧考纲还是按新考纲复习？

对于这种情况，"国人厅发[2006]213号"文没有限定必须选择调整前的专业或调整后的专业，考生应有自行选择的自由。从有利的角度考虑，在报考第二专业涉及调整的专业时，建议选择调整后的考纲复习。如果此次没有通过，08年复习时就具备了一定的基础。

3. 《注册建造师管理规定》规定：申请变更注册、延续注册的，省、自治区、直辖市人民政府建设主管部门应当自受理申请之日起5日内审查完毕。国务院建设主管部门应当自收到省、自治区、直辖市人民政府建设主管部门上报材料之日起，10日内审批完毕并作出书面决定。有关部门在收到国务院建设主管部门移送的申请材料后，应当在5日内审核完毕，并将审核意见送国务院建设主管部门。

请问：没有提到跨省变更的问题，如果跨省变更是向转出省申请还是向转入省申请？

跨省变更注册也是注册的范畴，应向转入省提出变更申请。由于建造师注册实行了属地化申报，所以转出省也有掌握转出申请人情况的必要。

4. 注册的企业是不是一定要有给申请注册者的业绩？我们考的专业和企业的资制专业是不是一定要一样？不一样会怎么样？

《注册建造师管理规定》没有限定业绩是注册的必要条件。如果提供业绩也应是自己的业绩，而不能是企业"给"的业绩。

单就考试来说，考的专业不一定要与企业资质的专业一样。从执业的角度来看，它又是一种双准入的制度。即注册的专业只有与聘用企业资质允许承包的工程范围相一致时，您才能在有关工程上执业。

5. 我是通信一级，要是注册在一个没有通信施工资质的企业，如注册在一个具有一级消防资质的施工企业，是否允许？还有要是我注册在一个具有二级施工资质的通信公司，以后会怎么样？

这个问题与前面的问题类似，允许注册在一个具有一级消防资质的施工企业。如果注册在一个具有二级施工资质的通信公司，就只能在企业资质允许的工程规模范围内进行执业。

6. 《注册建造师管理规定》规定，建造师可在监理、设计、招标等单位注册，但是在这些单位能行吗，执业印章在何处用。

建造师可以在监理、设计、招标等单位注册。根据2004年11月16日建设部发布的《关于印发〈建设工程项目管理试行办法〉的通知》(建市[2004]200号)，注册建造师在这些单位注册可以从事建设工程项目管理工作。

关于执业印章的使用问题，从2007年3月13日建设部印发的《关于征求〈注册建造师施工管理签章文件目录〉意见的函》(建市监函[2007]12号)可以看出，执业印章使用目前主要限于担任施工单位项目负责人或施工项目其他关键岗位。

7. 若有一级资格证和其他专业的二级资格证，是否要分开注册，还是只能合在一个注册证书上？

一级和二级独立注册，注册后注册证书相互独立。需要注意的是，它们只能注册在同一家企业。

8. 《注册建造师管理规定》第二十条：取得资格证书的人员应当受聘于一个具有建设工程勘察、设计、施工、监理、招标代理、造价咨询等一项或者多项资质的单位，经注册后方可从事相应的执业活动。请问受聘于二个单位，只在一家单位注册执业是否允许？

不允许。第二十六条关于注册建造师禁止行为规定中明确禁止：同时在两个或者两个以上单位受聘或者执业。

美国工程承包投标中的问题

——夏威夷皮伊科伊404号二期工程回顾

◆ 杨俊杰

（中建精诚工程咨询有限公司，北京 100835）

我国工程承包主管部门和大型承包商，近年来曾多次研讨进军发达国家的问题，不少企业都跃跃欲试并取得了一定绩效，但因种种限制和制约以及所谓技术性障碍等等，市场准入难度颇大。就我们来说，主要是对欧美等发达国家的工程承包中的法律程序不清楚、不明白、不懂得是一大原由。兹将夏威夷皮伊科伊404号二期工程（下称"二期工程"）在投标、报价、合同、合作、评估等遇到的诸多法律事宜作一简述，内中事例和教训非同常规，意义重大，值得汲取。

一、"二期工程"简况

瑙鲁共和国某家磷酸盐开发大公司在1990年代以4300万美圆购置檀香山南海滨一块17.25英亩（折约7公顷）的地盘，位于闹市区紧靠太平山，用于分五期建造商品综合楼。"一期工程"占地3.11英亩，建有住房304套、高45层、使用面积34716平米，一年之内全部售出，总收入2.25亿美圆，总支出1.322亿美圆（包括土地费、设计费、施工费、装修费、利息和纳税等），赢利为9281万美圆，利润率为41.2%（见表1）。

"二期工程"总占地面积3.5英亩，包括47层公寓和30层公寓、一个商场、两个停车场，总建筑面积约为11万余平方英尺，总工期为790个公历日。现以47层公寓为例，它包括住宅区、商业区、停车区和室外景观工程等，47层公寓高度为412英尺，建筑物占地面积108904平方英尺，总建筑面积892838.5平方英尺，设套房364

套单元；商场1层，建筑面积20183平方英尺；停车场5层，占地面积74829平方英尺，设620个停车位，建筑面积246765平方英尺。该公司诚邀美国凯福来国际集团和中方某房地产公司为开发商；设计者为夏威夷设计公司；中方某国际公司为该项目的工程管理总承包。合同条款格式为美国AIA文件A101业主与承包商的协议范本（1987年版本、以固定价为依据），该项目投标保函为5%、履约保函为10%、维修保函为10%。该工程规模宏伟、体量甚大，结构复杂，其主要工程量为：

土方挖/填：11784/5287立码；

钢筋混凝土：95460立方码；

钢筋：13433049磅；

模板：2599382平方英尺；

玻璃幕墙：131360.57平方英尺

屋面：142148.4平方英尺

楼地面：17040平方英尺（瓷砖部分）；

电梯：10余部，各种管线长上万英尺，还包括机电设备采购和安装等。

"二期工程"的桩基已由当地的夏威夷河海工程公司完成，合同额约500万美元。

二、投标组价工作

组价依据：（1）美国GYA注册设计事务所设计的47层和30层的两个塔楼及两个停车场、场外工程的图纸；（2）瑙鲁公司提供的二期工程项目技术手册；（3）

表1 "一期工程"成本分解表

工程分项	1990年 (单位:美元)	1993增长后 (单位:美元)
一般要求		
间接费	10,935,000	12,575,250
设备费	1,321,800	1,520,070
模板和混凝土	17,855,600	20,533,940
分包商/主供货商		
工地工程	1,914,000	2,201,100
混凝土桩	4,614,000	5,306,100
铅基轴承合金控制	68,000	78,200
链联围墙	79,000	90,850
网球场	73,000	83,950
灌溉和绿化	930,000	1,069,500
钢筋	5,914,000	6,801,100
混凝土砌体件	394,000	453,100
结构钢/杂金属	1,314,000	1,511,100
扶手/栏杆	554,000	637,100
精木活	1,129,000	1,298,350
橱、柜等木活	1,139,000	1,309,850
地震缝	134,000	154,100
防水/屋顶	694,000	798,100
密封剂/填隙	124,000	142,600
金属门及框架	125,600	144,440
停车控制设备	52,000	59,800
精密五金	339,000	389,850
光面工作	1,264,000	1,453,600
折叠防火门	279,000	320,850
铝/上釉	7,514,000	8,641,100
石膏板/板条和灰浆	3,794,000	4,363,100
瓷砖	1,564,000	1,798,600
大理石和花岗石	1,142,000	1,313,300
地毯	304,000	349,600
油漆	1,334,000	1,534,100
标志/记	154,000	177,100
邮箱	61,000	70,150
壁橱架	103,000	118,450
淋浴附件	169,000	194,350
盥洗室隔板	45,000	51,750
废料压实工具	54,000	62,100
装置	2,174,000	2,500,100
游泳池和温泉	249,000	286,350
电梯	2,214,000	2,546,100
水暖及通风	9,814,000	11,286,100
自动灭火装置	1,021,000	1,174,150
电气	8,114,000	9,331,100
合计	$91,070,000	$104,730,500
增长率(三年平均)		4.35%

美国CSI协会编制的施工定额;(4)开发单位、设计单位及相关单位的质疑、咨询、询价函件等。该项目的投标组价别于一般,其特点是:先读懂、搞明白、弄清楚投标须知和该项目的项目手册,这非常重要。投标须知要点为:(1)规定了投标人必须做到仔细审核标书、查看现场和施工条件、阅读项目手册、图纸、合同要求、工程特点、质量、数量、材料要求等;(2)当招标文件和项目手册的含义不清楚时,应即以书面形式向建筑师提出报告要求解释,以便补遗合同文件;(3)总包投标人在交纳1500美圆押金后可得到本工程图纸、项目手册、招标文件(包括AIA合同文本)各一套;(4)开标时,投标的法定代表应在场,出席人数不得超过二人;(5)该项目90日内授标、投标人在收到中标通知书7日内签署总包合同、15日内签定所有分包合同等。

该项目报价难度大,原因是美国人设计的图纸简化非标准,本工程图纸仅690余张,许多专业资料要查找各专业的规定及其手册、知识产权问题的干予,另与一般报价根本上的区别是先进行成本估价而后再进行计价,对美国工程项目报价必须熟悉这个程序(见图1:美国夏威夷州工程项目投标报价框图)。故在具体操作中采取务实有效的做法。

(1)建立专业组,制定报价计划。按建筑、结构、机械(水、空调、通风、气)电气、室外工程等分组并指定牵头人;分四个阶段即消化图纸、研读标书并拉出工程量表;填写单价、汇总专业标价、研讨制定施工进度表;调整并评估标价,总共需时约月余(见表2:47层公寓估价表)。

(2)针对该项目,明确报价中应注意的统一原则。群策群力我们在报价的计算、核定、统计、询价、咨询、质疑、单价、汇总以及内外协调等几个方面拟订了多条报价行为导引准则:

——抓好总协调,是个关键点。这是报价达到好、快、可靠的必要手段,此项目报价协调会开了八次之多,对完成报价任务起了大作用;

——运用好两个三结合。在业务上,采用自主、外协、咨询的三结合;在人员结构上采用老、中、青的三结合,短期聘用了少数专家,收效甚大;

——学习和消化美国承包工程计价方法。美国工程报价与国际惯例有差异,总体说较标准化、规范化,除美国CIS协会编制的基本定额外,系数法的应用有普遍性,大约有5~6个可考虑的系数(地区差价系数、三年平均物价上涨系数、消费税以及其他必须进入成本的系数),如间接管理费、直接管理费、营业税、法定利润、监理费、贷款利息、保函手续费、脚手架等费用总汇构成工程总标价。

——充分利用美国对承包商法律保护原则。美国合同法中对承包商利益的法律保护有透明化的规定,如法定利润较高,承包商索赔,风险分配趋于合理性等。

——一定要熟悉美国工程项目的细目分类。美国对工程项目的细目分类既不同于英式标准、也区别于他国,无论是一般的工程承包或交钥匙工程等,都有较固定的细目分类模式,常用的是由美国建筑标准协会(CSI)发布的两套编码系统即一级代码、二级代码,分别称标准格式和部位单价格式,几乎应用

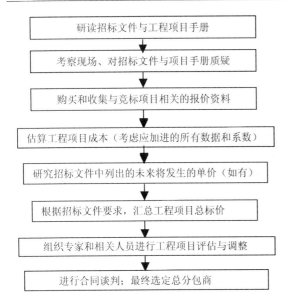

图1 美国夏威夷州工程项目投标报价框图

表2 47层公寓估价表(以美元计)

分项	项目名称	金额	占总标价%	备注
DIV2	现场工程	5,198,853	4.57	基础挖方、降水、现场公共设施、绿化等
DIV3	混凝土工程	34,976,847	30.76	梁、板、柱、坪、楼梯等现浇混凝土
DIV4	砖石工程	7,091,373	6.23	整体砌筑、石料
DIV5	金属工程	2,944,979	2.59	金属盖板、结构和杂项钢、楼梯扶手护栏等
DIV6	木材和塑料工程	4,786,692	4.21	粗木工和装配、塑料层结构件、细木工等(注1)
DIV7	隔热防潮工程	2,080,115	1.83	屋面和防水、接缝、密封等(注2)
DIV8	门窗工程	10,708,884	9.42	金属门、木门、玻璃、幕坪、小五金、铝窗等(注3)
DIV9	装饰工程	8,067,949	7.10	石膏板和抹灰、铺地毯、砌砖、油漆和贴坪等
DIV10	特殊工程	797,547	0.70	大理石格架、肥皂盘、卫生纸放置器、毛巾杆、信箱等
DIV11	设备	162,376	0.14	废物处理设备、安装、家用电器、垃圾量实器等
DIV12	室内陈设	——	——	不包括在合同中(注4)
DIV13	专用建筑	408,000	0.36	游泳池、喷泉、涉水
DIV14	传送系统小计	1,570,800	1.38	电梯
DIV15	机械工程小计	14,190,889	12.48	包括水、卫、通风、空调等
DIV16	电气工程小计	7,661,822	6.74	强电、弱电、通信等
DIV17A	一般要求(30个月)	3,079,613	2.70	
DIV17B	管理和相关费	6,767,220	5.95	
DIV17C	履约担保	697,525	0.61	
DIV17D	建筑许可证	159,480	0.14	
DIV17E	建筑商风险保险	341,198	0.30	
DIV17F	一般消费税(夏威夷州)	1,993,492	1.75	
工程总估价		113,685,654(注5)		
某国际公司施工管理费		占3%工程总估价为3,410,569。62		

注:1.包括位于外麻鲁和卡梅克大街的场外污水管线费用;
2.混凝土和模板工程按图纸的完整估计量实价。
3.包括所有基于分包商所报价的内砌石工程。
4.包括内单元铺地毯,先前未计算在内。
5.不包括规划开发应急费;不包括已完工的打桩工程;已包括10%的利润。

于所有承包工程报价。

——千方百计找寻估价资料。这也是至关重要的一条，我们分资料类型、资料来源和影响工程成本估价数据的商业出版物。可通过美国专业学会、美国职业工程师协会、VA成本估价与分析协会等多渠道来解决。

关于项目报价评估。对此类大型建筑项目本应组织经验丰富的专家进行评估，但因投标期短、时间太紧、资料匮乏，我们采取了简单易行的"类比评估法"，参照该项目的一期工程，评估主要指标设定为使用功能、合同条件、造价、工期、质量、环保、组织、管理等，类比结果的满意度较高(见图2:工程承包项目评估流程框图)。

三、关于工程项目手册

美国建筑业经过200余年的塑造发展，法制化已趋"完美"，工程项目手册是其一表现，它将投标要求、样板表格、合同条款、以及技术规范等内容反映在工程各阶段的集成。这是与别国投标报价的法律法规不同处之一。项目手册的重要作用是(1)力助承包商加深理解招标文件、标书和图纸，项目手册与其相互依存;(2)该手册对承包商的投标报价起到启迪、提示、各项注意的事项，如有疑难问题可尽早咨询建筑师;(3)从项目手册提供的信息中，可发现合理预防未来施工中可能未预料到的困难等。该项目手册涵盖面广，已成为投标人的必备和实施项目的指南;(4)技术规范细腻，在项目手册中有所体现，几乎所有分部分项和工种都包罗了，译出后的文字总量达30余万字，是国际工程项目招

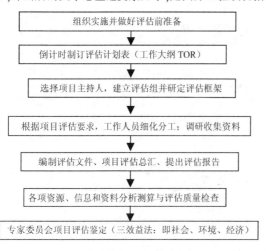

图2　工程承包项目评估流程框图

标不多见的;(5)提示了与施工现场相关的信息，如公用设施、通信线路、排污系统、水、电、气等管线，均不能被损坏;(6)施工现场准备工作的范围等等。

四、关于合同条件和合同管理

本项目采用AIA系列文件之A201和A202的1987年版本的范本(见表3:美国建造师协会AIA系列合同文件一览表)，据此条款，业主与承包商签订协议和合同。该范本有其重要特点。(1)按合同规定的范围，合同管理的主角应为建筑师，作为业主代表的建筑师在整个施工期间、最终应付款支付之前、或维修期间等负责;(2)实施工程起始费制。即业主与地权督约服务公司订立一金额为300万美圆的督约协议，以确保业主可向承包商支付其施工起始费;(3)奖罚条款。合同条件规定，每误工一日，承包商向业主支付1万美圆的金额罚款，每提前一日工期，业主向承包商支付5000美圆的奖金;(4)索赔的规定具体、可操作性强。对承包商增加成本、增加工期、财产损害、后续损失等索赔都有明确的条款。

中方作为该工程管理总承包，根据美国尚需同业主签订"业主–建筑工程管理商合同"。该项目实施方式为:美国/夏威夷有关法律规定，其合同实施方式是，总包与业主签订总承包合同、总包与主分包商签订相应的合同，主分包商承建项目，此种方式在夏威夷州较流行。

五、不成功的启示录

该项目最终未获得成功，但受益匪浅，至今对开拓发达国家和地区市场仍不失其重大意义。

1. 进入发达国家市场的大方向之一是联合经营。可取联合投标、经营管理;也可合资、共同经管等，本案例即取前一种方式，在美国无论何种方式进行工程承包都必须注册、办理营业执照，而且法律规定外籍工人不能进入美国工作，只许管理人员办理L和H签证进入。

2. 在美国投标工程项目，必须精读熟用美国建筑师协会编制的AIA系列合同文件(见表3)，这套合同文件体系完整、公正公平、做法具体、极具参考价值，可见美国人处理合同关系的理念，受到业主、承包商、建筑师、律师界、其他相关人士的青睐。

3. 作价人员(注册造价工程师) 必须明白包括美

表3　美国建造师协会(AIA)系列合同文件中有关工程承包部分

	名称	适用范围	内容
A101	业主与承包商标准合约文本(1997年版本)	固定总价合约,建筑师管理并参考A201	共8章,包括合同文件、工程、合同总价、付款、合同终止或停工、混合条款、合同文件细目等条款
A121	业主与工程管理商标准合约文本(1991年版本)	工商管理商为总承包商	共11章及附件34条款
A191	业主与建筑商标准合约文本(1996年版本)	用于设计/建筑商承包工程项目	共两部分24章,第一部分分合约10章;第二部分合约14章;总计41条
A201	工程承包合同通用条款(1997年版本)		共14章,包括一般条款、业主、承包商、合同管理、分包商、工程变更、期限、付款、人财保护、保险保函、混合条款、合同终止或停工等等
A401	总承包商与分包商标准合约文本(1997年版本)		共16章,包括合同文件、双方责权、承包商、分包商、工程变更、调节仲裁、分包项目内容、分包合同总价、付款、保险保函、分包合同文件目录等
B141	业主与建筑师标准合约文本(1997年版本)	建筑师服务合同,可参阅B141业主与建筑师标准合约文本(设计合同管理)	共5章,主要包括初始信息、各方责任、条件和条款、服务范围和其他特殊条款及报酬等
B141	业主与建筑师标准合约文本(设计合同管理)(1997年版本)	设计与合同管理;建筑师可提供各项服务(合约2.8.3条款)	共9章,包括项目管理服务、业主的协助、评估和计划服务、设计服务、承包商选择服务、合同管理服务、服务进度、修改等46条款

备注:1.所列合约版本,已获美国总承包商会批准,为工程承包的重要法律依据,但签约前需向该地律师咨询为宜。
　　　2.AIA文件是作为工程项目合同基础,如作较大变更与风险重新分配时,应请建筑师审阅后商签。
　　　3.此表仅列出与工程承包项目直接关联等。AIA文件的系列结构由A—系列,是关系到业主与总承包商间的合约文件;
　　　　B—系列,是关系到业主与专业服务的建筑师间的合约文件;
　　　　C—系列,是关系到业主与专业服务顾问间的合约文件;
　　　　D—系列,建筑师行业所采用的文件;
　　　　F—系列,是财务管理表格;
　　　　G—系列,是合同和办公管理表格等。
　　　如需要上述文件细节,可在AIA书店购买。

国、英国等发达国家在内的一套计价模式、工程量清单编制内容、编制方法、报价特点、工程成本控制、工程造价动态控制过程等配套系列问题。工程承包企业应当在此项下,编制相应的适于本企业定位的内部定额。

4.高度重视项目评估。建议集团公司建立有效运转的评估组织体系,采取先进、实用、科学的方法和评估流程,包括使用逻辑框架法、多方案比较法、技术标准符合法、成本效益分析法、《费用–效益分析法》等,对大中型项目可行性评估,这已是国际上大公司的常规,详见"工程承包项目评估流程框图"。

5.技术障碍。美欧等发达国家市场准入和承包工程的一大难点即所谓的技术性障碍,它反映在政府政策、人员准人、国民待遇、技术标准、法律程序、物资采购、税种税率、承包方式等各个层面上的制约和限制。完全攻克这些政策性、人为的、歧视性、技术性等问题尚需时间,只有一步一步的扎扎实实的来了。

6.人员素质。必须提到中国公司的人员素质问题,因为要解决上述诸多问题,关键在于人,工程承包公司一定要具备自己的投标专家、报价专家、合同专家、索赔专家、法律专家、技术专家、融资专家、工程管理专家等等。这要从人才战略高度长远考虑,克服短视行为。

7.行会作用。美欧行业商会、协会对企业和承包商的指导、帮助、协调、服务、政策制定和监督等作用,非常显著并受到承包企业相关各界的欢迎和赞赏。这方面行会能发挥作用的空间很大,企业的期望值也很高。如市场开拓调研、服务协调空间、公司能力建设等行会大有可为。

8.提升竞争力。纵观中国公司在规模与效率、管理与控制力、技术与创新力、资本运营与市场拓展力、行业发展政策与企业影响力等各个层面上与国际著名承包商相比竞争力明显薄弱,应当对工程承包企业的综合竞争力,采用WBS方法进行级次分解研究并制订升华的策略,以大幅度跟进竞争力。

9.领导问题。我们的企业主要领导人在企业战略管理、内控链条、决策反应、开拓意识、经营理念、法制观念、理论知识等多方面与国际承包商CEO们差异较大,在一定意义上讲,领导力亦称企业核心竞争力之一,故此,提升领导人的领导能力也势在必行。

浙江城建阿尔及利亚住房项目
劳务管理探讨

◆ 吴向辉

(浙江城建建设集团，杭州 310007)

在 21 世纪经济全球化加速的背景下，国际工程承包与劳务市场发生了一些新的变化，经济全球化促进了国际劳务市场的需求规模的扩大，劳务人员的流动方向呈现出多元化，对劳务人员素质以及劳务管理的水平也提出了更高的要求。因此，劳务管理在新世纪已经成为工程总承包企业的四大基本业务，即项目管理、财务管理、合约管理及劳务管理。在此内涵下，劳务管理就不再仅仅是管理工人，而是要与企业发展战略、市场战略、企业经营理念、成本控制等紧密联系，相互支持的系统业务。

2005 年浙江城建承建了 MAHELMA2200 套住宅项目，该项目位于阿尔及尔 ZERALDA-MAHEL-MA 地块，占地面积约 30 万平方米，总建筑面积约为 27.5 万平方米，是由 6 栋高层 183 栋多层组成的住宅小区。小区内建筑依据地形起伏而建，设计新颖，布局错落有致，设施功能齐全，R 层以商业服务为主，是一个现代化的住宅小区。由阿尔及利亚国家住房改善和开发司 (A.A.D.L) 投资兴建，监理单位为 BERGE。在 MAHELMA2200 套住宅项目的实施过程中，浙江城建在劳务管理方面做了许多创新尝试，走出了有城建特色的劳务管理之路。

本文试图研究总结浙江城建驻阿住房项目的劳务管理经验，深入研究其"属地化管理"战略的制订与开展过程，总结与概括浙江城建劳务管理创新带来的启示。

一、注重前期调查与劳务管理战略规划

1.在项目开展的前期阶段，浙江城建对在阿企业的劳务管理模式、劳务组织以及当地劳动力资源等进行了详尽的调查，为制定合理的劳务战略及规划创造了条件

(1)中国工人劳务管理

根据赴阿尔及利亚的考察结果，在阿的中国建筑企业在中国工人的管理上普遍采用了传统的劳务分包模式，该模式有以下特点：

①劳务组织结构

在建筑业企业新资质就位后，出现了建筑劳务分包企业，它以独立企业法人形式出现，为总承包和专业承包企业提供劳务分包服务。这种建筑劳务分包企业也活跃在阿尔及利亚的建筑市场上，即由独立的劳务公司为总包单位提供劳务队伍，劳务公司负责劳务人员的招聘及管理，原则上由总包单位安排劳务队伍的工程任务，由劳务公司聘用的管理人员对劳务人员进行工作管理。

②劳务管理制度

由于推行建筑劳务企业化的时间较短，建筑劳务分包市场尚处于培育和建立之中，针对海外项目

管理，总包单位与劳务分包之间缺乏对其权利义务约束机制的法律依据，同时对于劳务分包公司开展海外业务时不规范劳动用工、私拉滥招、非法用工、拖欠劳务人员工资等问题缺乏处理的法律依据，无法对其形成有效的监督。因此，在海外的劳务管理中存在着许多不规范、欠合理的地方。

③劳资对立的情况

由于我国海外劳务管理人员以及务工人员的法律意识欠缺，相适应的劳务管理的法律与法规也很缺乏，当部分务工人员素质低劣，利用公司管理上出现的失误挑头闹事时，缺乏对其有效的制约手段。同时，工人们背井离乡，在异国他乡从事艰苦的劳动两年三年才能回国，公司对劳务工人缺乏关心和爱护，管理的方法和手段比较落后，使得劳资的对立情绪比较严重。

(2)当地劳动力资源调查

①劳动力总量不足、质量不高

阿尔及利亚的经济规模在非洲居于第三位，仅次于南非和埃及。随着阿国内局势的进一步稳定，经济体制改革的深入和吸引外资政策放宽，其工程承包市场正处在蓬勃发展中。据驻我国驻阿尔及利亚使馆经商处的报道：在水利建设市场，阿将在2005年和2006年投入资金分别达8.8亿欧元。在住房基建市场，阿总统布特弗利卡提出要在2004-2009年间新建100万套住房，以满足民众的需求。同时，在机场、港口、道路的建设上，阿还将投入巨资。据阿官方报道，阿现有住房设计局约3000个，高级技术人员约5000人，从事建筑业的工人约20万名。

由以上数据看出，在阿工程承包市场蓬勃发展，在短期内启动一大批基础设施建设工程的情况下，业务发包的规模与劳动力的供给不平衡，总量上存在明显不足。同时，现有的建筑业劳动力质量不高，不能够满足市场的需要。

②劳动力结构不合理

通过对当地建筑企业的实地考察与访问发现，阿国本地建筑企业中劳动力结构不合理，熟练技工占工人总数的比例很小，大多数工人是没有经过技术培训、没有一技之长的小工。同时，建筑企业中成熟的管理人员多数年龄偏大，缺少中青

年的管理人才。

③缺乏建筑业职业培训体系

通过向阿当地的劳动部门调查了解到，当前阿尔及利亚的职业技术学校没有与建筑业相关的专业，缺乏系统化及规范化的建筑业相关的职业培训体系。

④人力资源呈现明显的"时代特征"

在近10年的动乱期间，阿尔及利亚经济、文化、教育发展停滞甚至倒退，对这一时代成长起来的18~30岁之间的青壮年的价值观念、认知方式、知识水平以及工作能力产生了深刻的影响，表现在工作方式与工作态度上具体有以下表现：①缺乏工作纪律观念，工作不积极，消极怠工；②缺乏业务的钻研精进的精神，得过且过，不求上进；③缺乏职业道路设计与指引，人生没有目标。总之，这一代人在思维的变革、观念的创新、自我强化、职业选择和工作态度等方面存在着许多问题。

⑤中国企业对当地劳动力的使用与开发力度不足

多数在阿的中国建筑企业习惯于传统的工程管理模式，派出了大批中国技术和劳务人员参与项目的管理和施工，在使用当地工人的观念上比较落后，也不具备开发与使用当地工人的能力与素质。考察结果显示，中国建筑公司聘用的当地工人只占员工总数的5%，并且主要是秘书、司机等服务性岗位，现场施工人员除阿国特别擅长的特殊分项工程外几乎清一色的采用了中国工人。

(3)劳务管理模式比较

浙江城建原有的劳务管理采取承包制，即由流动的劳务班组来承接一定的劳动任务，劳务班组内人员的管理由承包人自己负责。在项目部，普遍存在着"以包代管"的现象，即项目管理人员对劳务管理不够重视，劳务管理工作松散。现有的劳务模式存在以下缺点：①劳务分包方经营管理素质低，对劳务人员的日常管理松散化，更缺乏对劳务人员的培训与教育。劳务分包人为追求短期利益的最大化，降低成本，缺乏对劳务人员进行职业安全、生产技能等培训。同时，由于总包方习惯于在劳务管理上采取"以包代管"，从而造成了生产管理与项目整

体管理的脱节,总包单位的许多质量、工期及文明施工措施及要求不能够得到劳务方的配合及落实。②总包方与劳务分包方之间欠缺有效的约束机制,劳务分包方与劳务人员之间缺少劳动合同,劳务人员的利益得不到法律保障。③劳务人员多数是农民工,而农民工在整体上存在着文化素质较低、职业技能欠缺、法律意识淡薄、缺乏质量及精品意识等问题。

(2)制定劳务管理战略及规划,规范化劳务管理工作

1.制定劳务管理战略

①鼓励一专多能。"属地化战略"要求赴海外工作的中国工人能够作到一专多能,即能够从事几种工种的工作,中国工人的队伍要作到"精干化"、"高素质"、"高收入";②积极进行"属地化管理",就是动员全体管理干部与中国工人,积极开展对当地阿拉伯工人的招聘与辅导培训,要求在一定阶段后中国工人与阿拉伯工人的比例达到1:3,也就是要立足于依靠一批精干的中国工人辅导当地阿拉伯工人,达到数量上阿拉伯工人为主的劳务结构。

2.优化实施劳务管理战略

主要采取了以下措施:①任命两位海外部副总分别负责中国劳务及当地阿工劳务的开发与管理工作,做到了劳务管理的权责相当,权责并重。②制定了统一的海外劳务战略,并根据战略意图做好了劳务规划及其落实工作。③对于劳务人员来说,他们出国工作的目的往往是因为工资水平的差异,到海外工作主要是为了增加收入,因此,对于劳务人员的激励方法一般都比较明确,就是积极创造条件使劳务人员能够获得较高的工资收入。按照"按劳分配、效率优先"的原则,摸索建立了一套具有竞争力的薪酬机制④在阿工管理方面,从零开始地建立了系统化的劳务管理体系,包括了招聘、培训、开发、薪酬、合同管理等各个层次与环节。

3.优化配备劳务管理人员

从事劳务管理的分管领导不仅仅熟悉业务及技术管理,同时还受过 MBA 管理的高等教育,对于系统化人力资源管理的理论非常熟悉;同时还组织了相关管理人员进行了人力资源管理理论的学习

与培训,使整个管理团队不但在业务及技能上非常出色,还能够利用系统化的人力资源管理理论来进行劳务管理。

4.优化劳务管理模式

经过实践,改变了"以包代管"的陈旧管理模式,探索出了适合自身条件的"直管"的劳务模式,并初步体现出其优点。"直管"的劳务模式,主要有以下几个优点:

①目前,建筑业一线作业人员以农民工为主,其素质和操作水平直接影响到工程质量、施工安全。这些农民工基本都来自贫困农村,受教育程度普遍较低,未经过必要的安全和技能培训,多数农民工是在其他行业找不到合适的工作岗位的情况下而进入建筑行业,丢了镰刀拿砖刀,其主观意识上是凭力气挣钱吃饭。以往的零散用工方式造成他们的无序流动,经常是"打一枪换个地方"。"直管"的劳务模式,便于加强对劳务人员的日常管理,便于对农民工进行必要的从业常识和职业技能培训。有助于减少工程质量问题、杜绝安全事故的发生,同时也有助与减少劳资纠纷发生的几率。

②劳务人员与公司属下的劳务公司签订劳动合同,劳动合同规定了双方的权利与义务,双方的利益都得到了法律保障,同时也实现了劳务关系的有序管理。

③管理人员与工人身份平等,基本上做到"同吃、同住、同劳动",一方面,各施工员比以往更加深入基层、了解基层;另一方面,广大劳务人员感觉自己是公司的一份子,增强了劳务人员的"主人翁意识"。"直管"模式在保证了劳务队伍稳定的同时,还增强了项目部的执行力,有利于项目的工期、质量等目标的实现。

二、规范运作、循序渐进地推进"属地化管理"战略

(1)"属地化战略"的第一阶段

在"属地化战略"实施的第一阶段,即从建造临时设施到开工后六个月内,主要解决了"能否招聘到阿工""阿工能不能用的起来""中国工人是否愿意培训阿工?""用了阿工后公司是否有效益"等

一系列关键问题。

1)学习招聘方法

首先,项目部到当地劳动人事部门详细咨询了当地《劳动法》的规定,以保证招聘与用工的行为符合当地的法律、法规。同时,还了解到了如张贴招工广告,利用广播、电视等媒体广告,到各地劳动部门备案后由劳动部门推荐就业等具体的招聘方法。

2)通过建立阿工管理机构强化劳动纪律观念

由于当地阿工的法语水平普遍较低,为了便于与阿工的沟通并处理阿工的招聘等事务,项目部招聘了一名当地秘书,建立了阿工办公室来负责阿工的招聘。

3)通过教育宣传扭转中国工人的观念

项目开展之初,"属地化"战略受到了中国工人的强烈抵触,工人存在着诸多的顾虑,主要表现如下:①怕用了阿工后自己丢了饭碗;②觉得语言不同,不能够作到最起码的工作交流,沟通上困难重重。项目部通过宣传与教育工作,扭转了中国工人的错误观念,改变了中国工人对于使用阿工的对立情绪。

4)加强对中国工人的语言培训

为了解决与阿工的语言沟通问题,项目部还根据前期工作的经验,组织翻译人员将工作中常用的词汇与句子进行了整理与翻译,并将相应的法语与阿拉伯语读音翻译成中文中相应的读音,并将翻译的成果复印并广泛的发放给管理人员与工人,并开设了法语夜校,为有工作需要及对法语感兴趣的人员提供了一个系统学习法语的课堂。

5)通过使用阿工帮助中国工人提高收入

对于劳务人员来说,他们出国工作的目的往往是因为工资水平的差异,到海外工作主要是为了增加收入,因此,对于劳务人员的激励方法一般都比较明确,就是积极创造条件使劳务人员能够获得较高的工资收入。

项目部还采取了经济杠杆手段,并规定,加入到中国班组的阿工的工资暂时由项目部支付,即阿工的劳动成绩为中国班组中工人所有,即阿工实际上是在为班组创造价值,这样阿工的技能提高越快,相应的给班组创造的价值也越高。项目部承诺,此项旨在增加中国工人收入以及促进中国工人帮传教阿工的措施将长期稳定,这项措施极大的鼓励了班组中中国工人带阿工的信心。

(2)"属地化战略"的第二阶段

在这一阶段,主要完成了以下工作内容:加强了阿工技术工人的招聘及开发培养力度,对阿工的岗位进行工作分析,实现阿工管理的制度化、规范化。

1)建立健全阿工管理机构的战略职能

致力于集中力量建立健全阿工管理机构的战略职能,先后完善了阿工合同管理制度、考勤规范制度、求职信息管理制度、工资发放制度、劳动生产纪律、安全生产制度等一系列管理制度。同时,还加强了阿工管理人员的配备,增加了两名阿工管理秘书及一名专职阿工安全员,在管理力量加强的情况下,项目部各工种都加大了阿工的使用力度,同时还加大了技工的引进与开发培养的力度。而从效果上看,大量新进阿工渗透到项目部各个工种中,并没有很大的影响项目的正常运作秩序和效率,新进阿工较快就熟悉了项目部的规章制度与作业环境,相对比较平稳。

为了给阿工提供在项目部安心工作与生活的指引,了解公司的企业文化、发展历程、企业理念以及在工作中应当遵守的员工守则;同时,使阿工能够深入了解项目部的阿工劳动管理制度、薪酬制度、培训制度及员工关系管理及沟通程序、规定及制度,项目部还汇总编制了系统的《阿工管理手册》及《阿工管理流程图》。

2)建立阿工培训体系和工作分析

工作分析是人力资源管理中的一项重要工作,通过对工作任务的分解,根据不同的工作内容,设计不同的职务,并规定每个职务应承担的职责、工作任务、职位权力和工作条件,确定担任该职务应有的技能、知识与经验等,以确保企业拥有工作的规范和合格的员工。项目部根据各工种、各工作岗位的实际情况,用法文编译、撰写了各个岗位的工作分析、工作规范及作业交底书及安全交底,为系统化的阿工人力资源管理做了大量基础性的工作。项目部同时还加大了技工培训开发的力度,编制了简单明了的《阿工进场安全基础常识》《建筑安全小常识》《劳动卫生常识》等培训材料,初步建立起了阿工培训体系。

3)优化薪酬体系与福利体系

薪酬制度是企业对员工进行物质激励的一项主要内容,关系到员工积极性的发挥和生产效率的提高。良好的薪酬管理模式不仅要对中国籍的员工具有激励力,而且要对当地的员工具有吸引力,调动当地员工的工作积极性。因此,以岗位设计和岗位评价为基础,结合绩效考评和招聘工作中的贡献,我们设计了阿工的薪酬福利体系,经过了半年多来的实践,达到了充分调动阿工积极性与创造性的目的。

(3)"属地化战略"实施效果

1)取得了良好的社会效益

项目部聘用的阿工中大部分来自工地附近的村庄与集镇,他们在项目部工作与学习满足了大部分人的生存、安全、社交、尊重与自我实现的需要,而相互尊重、合作共赢的合作也为项目部开展工作创造了良好的邻里关系,产生了良好的社会效益。

海外项目的实施不仅仅是一个企业的个体经济行为,更是一个国家对外经济技术合作与交流的窗口,"属地化战略"的实施能加强对当地资源的合理有效利用,有助于促进不同文化之间的相互交流与和谐发展,有助于加深两国、民族间的良好关系,从而促进更深层次和更大范围的交流与合作。

2)节约大量外汇并有助于资金运作

国际项目的惯例一般要求在签订海外项目合同时,在货币支付条款中一般都会被要求支付一定比例的当地货币,在当地货币不能自由兑换、汇率波动较大的市场环境下,如何运作好当地货币、减少汇率损失、降低财务费用都给项目管理提出新的要求。

另一方面,如何合理的使用外汇,以满足工程施工的设备采购、中国劳务人员工资等的需要也是开展海外项目所需要考虑的重要问题。我国的海外项目通常带动了许多建材、设备的出口,而这部分采购全部是通过外汇支付,由于许多国家外汇管理的原因,通常货币支付条款中的外汇比例偏低,给企业资金运作带来困难。

通过"属地化战略"的实施,我们增加了当地工人在劳务人员中的比例,而阿工的工资由阿尔及利亚第纳尔(当地货币)支付,仅通过以当地劳动力代替中国劳动力的工资支出一项,累计为项目部节约了20万美元的外汇。

(3)巩固核心竞争能力

目前我国对外承包项目中的技术与管理的含量还不高,我们在国际承包市场上拥有的核心竞争能力主要还是依靠劳务的优势,具体的说就是廉价劳动力资源的优势。工程是人干出来的,要巩固我国对外承包项目的核心竞争能力,并积极培育其他的核心竞争能力,就必须先做好高素质的劳务队伍建设,只有这样我国对外承包事业才可能有持续、健康发展的基础与根基。

"属地化人力资源管理",重在探索本地化劳务资源的具体组织形式,以及如何加强当地工人的培训,切实提高其知识和技能水平的方法与途径,最终达到增强企业核心竞争能力的目的。

三、浙江城建劳务管理的启示

(1)重视劳务资源及管理的调查分析及战略

劳动力资源的调查与规划是开展劳务管理的基础,只有做好调查,才能够了解内外部环境的现状,才能够及时应对环境的变化,提高企业的应变能力。劳务管理规划是企业一切劳务管理工作的指南,必须做好了劳务管理规划,并坚决的贯彻落实,才能够真正其战略职能。

(2)循序渐进地推进人力资源战略

人力资源管理工作本身存在着初级、中级、高级的层次并存在着其自身的发展规律,因此,必须要循序渐进的开展工作,从低级的层次做起并打好基础,在低级层次上锻炼摸索成熟后,要果断地将工作向更高一个层次推进。

(3)注重结合区域性特点及企业文化、区域文化来开展工作

首先,在设计劳务管理规划时,将劳务管理实践活动和区域文化匹配起来是非常重要的。需要培育企业文化,确保它们与企业战略的一致性。跨国经营企业拥有不同国家的员工,它们在文化背景等方面有很大的差异,因此,需要有不同的劳务管理方式,以适应东道国的传统、国家文化和社会制度。若将不

适当的管理方式强加给东道国的公民，就可能带来触犯当地文化标准和价值观念的风险，甚至可能导致违法行为。

(4)强调沟通与耐心

处在群体中的人们，通过沟通交往而建立起人与人、群体与群体之间的关系。良好的人际关系，是增进群体效率的重要保证。人们之间由于这样或那样原因，会产生意见、分歧、争论和对抗，彼此间的关系出现紧张状态。强调沟通和耐心，寻求处理冲突的方法，从而协调人际关系，提高组织效率，成为劳务源管理的一个重要部分。

从某种意义上说，劳务管理就是处理"人"的信号，因此要注重项目管理层与劳务人员的沟通，只有沟通才能够更好的了解员工的思想，只有了解员工的思想，才能够做出正确的决策。

沟通，即表示愿意合作，与对方共同找出问题，一起寻找解决方案，决不是企图控制和改造对方；坦诚相待，设身处地为对方设想；认同对方的问题和处境；平等待人，谦虚谨慎；不急于表态和下结论，保持灵活和实事求是的态度，鼓励对方反馈，耐心听取对方的说明和解释。项目部员应当建立一个良好的沟通氛围，使劳务人员能够充分表达与宣泄，在沟通过程中，应当认真观察身体语言及态度，了解抱怨的关键，掌握尽可能多的信息。同时，做好劳务管理工作要有很强的耐心，通过耐心细致的工作来达到团结员工、增强企业凝聚力的目的。

国家会议中心工程情况介绍

由北京建工集团承建的北京奥林匹克(B区)国家会议中心工程，是所有奥运场馆中面积最大的工程。该工程占地面积8.14公顷，总建筑面积27万平方米，其中地下12万平方米，地上15万平方米。地上建筑最高8层，地下2层，建筑檐高43米。该工程于2005年4月29日开工，将于2007年8月竣工，分为赛前施工、赛中保驾和赛后改造三大时段。

国家会议中心是在2008年北京奥运会期间主新闻中心(MPC)、国际广播中心(IBC)、击剑及现代五项中击剑和气手枪等比赛项目的场所；奥运会结束后将改造成为北京举办国际性会议、综合展示活动的大型会议中心。该工程具有建筑面积大、超长超宽、结构造型新颖、技术工艺和机电系统设计复杂、科技含量高、施工难度大等特点。工程开工后，北京建工集团总承包二部作为工程总承包单位，按照奥运工程"五统一"的高标准，精心组织生产，规范项目管理，开展劳动竞赛，制定了安全、生产、质量、成本、治安保卫和现场思想政治工作等100多项管理制度。3000多名建设者战严寒、斗酷暑、挥洒汗水、奋力拼搏，出色地完成了"立足生根、边坡保卫、钢筋混凝土结构封顶和钢结构封顶"四大攻坚战。工程开工到现在，累计绑扎钢筋4.6万吨；浇灌混凝土23.5万立方米，防水作业8.85万平方米，钢结构累计加工11700吨，先后进行四次整体提升，最大提升吨位为980吨。

辛勤的努力奉献和出色的规范管理带来丰硕的成果：该工程荣获了北京市安全文明施工标杆工地；以"15个精"优异成绩通过三次北京市结构长城杯验收，稳夺结构长城杯；2006年连续两个季度夺得市建委和市"2008工程建设指挥部办公室"颁发的"奥运工程安全质量优胜杯"；项目部获得奥运工程劳动竞赛优胜集体；被市公安局授予"创建平安示范单位"并荣立集体三等功。此外，项目部总工程师王鑫获得首都"五一"劳动奖章；2人获得市经济技术创新标兵；15人获得奥运工程优秀建设者称号。该工程建设和工程质量还受到党和国家领导人胡锦涛、贾庆林及国际奥委会官员、建设部、北京市、全国同行业等有关领导的高度称赞。国家会议中心总承包项目部成为奥运工程建设的排头兵，为建设"新北京、新奥运、新建工"做出了突出贡献。与此同时，还为北京建工集团展现了实力、争得了荣誉、树立了窗口形象、扩大了企业知名度。

整合管理资源
优化施工项目管理实践

◆ 唐江华，武志乐，王洪涛

(石油天然气集团公司石油管理局，河北 廊坊 065000)

前言

忠县-武汉输气管道是国家计划建设的重点基础设施项目，是连接川渝盆地和湖北、湖南两省的一条能源大动脉。工程包括重庆忠县至湖北武汉干线管道，以及荆州至襄樊、潜江至湘潭、武汉至黄石3条支线，管道总长度为1347.3公里。忠县-武汉输气管道工程沿途经过川东南与鄂西410公里山地和两湖水网，山地高差大，并有崩塌、滑坡、岩溶、泥石流等不良地质现象；江汉平原地势低洼，人口稠密，河流、池塘、湖泊星罗棋布。为使这条管线按期高质量的竣工，项目部在优化项目管理上作了大胆地创新实践，本文从管理思路、管理做法上进行了具体革新，并用具体事例说明创新的有效性。

一、管理新思路

项目部共承担了五个标段的管道施工任务，工程量达315公里。管理区间跨度1200多公里。

项目部成立之初，首先考虑的是项目管理体制创新。对影响项目管理全局的组织类型进行优选。经过对各类组织模型优缺点的比较，结合各标段的实际状况，项目部实施了两种不同的组织形式，分别是矩阵式组织形式和直线职能制组织形式。对于管理机构和人员组成，采取机关派出和基层选拔的作法，保持老、中、青三结合的项目团队。这种团队的组成，既有利于发挥老同志的作用，又有利于年轻人的培养，很好地解决了人才断层问题。

第二步，项目管理方法创新。管理方法上，在项目部施工管理系统中引入国际流行的决策技术、系统工程、图上作业、HSE管理、现代物流理念、ISO质量管理体系和HSE健康、安全、环境等现代化管理技术；在经营计划管理、财务管理、行政管理系统引入网络技术、目标成本管理、价值工程、人力资源管理工程、经济责任制等管理技术；在施工机组管理上运用标准化原则、限额领料等基础管理。这些管理方法，是在管理理论不断深化、管理方法日臻完善的前提下筛选出来的。

第三步，项目管理制度创新。根据组织机构和管理方法的选定，项目部建立了相关制度，编制了程序文件。项目部在对项目环境进行现状分析的基础上，编制了规章制度和程序文件汇编。使工作流程更加清晰，业务之间的衔接更加规范。

第四步，项目管理创新。项目管理围绕施工生产这条主线进行。现代化管理技术在项目管理中的应用取得了非常好的效果。

在人力资源管理上，项目部推行人力资源开发与管理工程和经济责任制，实施了人员动态管理。在下达计划的同时将经济指标一起下达。工程签证管理除采取标准化作业指导书、标准格式外，经营管理人员还经常深入工地指导签证工作，解答签证中遇到的各种问题，及时回收签证单存档。

在技术管理工作中，原来编制施工组织设计，只是由工程技术部门一家来完成，技术方案实施过程不进行经济和费用分析。整合管理资源，优化施工项目管理后，在编制施工组织设计施工方案时，重视了项目经济费用分析，重点突出了各种施工方案的可操作性和经济性。

方案制定前，技术部门和相关部门一起实地踏勘现场，技术部门编制方案后，由相关部门进行各自专业分析，预算部门负责方案费用和实施方案时间计算，材料采购部门进行价值工程和材料替代分析，财务部门评估方案成本情况。技术部门结合经济分析结果，进一步完善技术方案，使技术方案更加合理。

二、管理实践

案例1 四川属亚热带多雨气候，管线途经地段多为丘陵山地、鱼塘、沟壑纵横、河流密布，施工艰难。其中最大的难点就是运、布管。项目部经过仔细踏勘，运用系统论思想和价值工程原理，把项目作为一个整体进行施工管理设计，在比较技术优劣和费用的基础上，否决了传统的穿河围堰倒流方法，创造了快速穿河方法。

方法：将河流上下游分筑一主一辅两个堰，隔断流动的河水；利用其他工程节余的旧钢管二接一或三接一，沟通上下游水道。主堰顶宽4~5m，除作为阻断流水以外，更重要的功能是沟通大河两岸的运管通道，彻底解决了制约施工进度的关键—运布管问题，并使机械化施工、流水作业成为可能。这项管理措施的实施，使项目部仅用了其他项目部二分之一的时间和人力、物力、设备投入，以平均日历工期三个月，完成了110公里的管线安装任务。

案例2 忠武输气管道工程干线从十标段到十四标段以及三条支线地处我国"两湖"地区，池塘水网密布，沿线血吸虫病流行，稍有不慎人员就会受到感染。据工程现场的医生熊小京介绍，只要沾上有血吸虫的卵生物的水源，只需10秒钟身体就会被感染。感染初期表现为皮肤红肿，晚上发烧，每个血吸虫在人体内最长成活30年，且繁殖极快，每天产卵2000多个，对人体肝功能侵害极大，严重的造成肝功能衰竭，危及生命。

血吸虫病防治是近年管道施工中遇到的新课题，也是HSE管理的新内容。工程项目部把血吸虫病预防作为保证施工作业人员健康的大事来抓。总部医院派了医护人员，与当地血吸虫病防治中心签订合作协议。平原地区施工前，项目部QHSE部健康工程师对管道沿线进行实地考察，走访各县血吸虫病防治所（站），对当地血吸虫病流行趋势及防治医疗措施进行了解，制订了施工作业中血吸虫病防治相关预案，编印了《血吸虫病防治手册》等宣传资料，并下发到各工程单位，利用工作会、生产协调会和幻灯片、宣传画进行血吸虫病防治知识讲座，还下拨了药品和100多万元的防治资金。

项目部将血吸虫病防治作为QHSE管理的重要内容，制定防治预案，与当地血吸虫病防治所（院）建立联系，取得支持和帮助，并成立了防治小组，在漫漫的管道施工作业地带，每个参战人员对血吸虫病防治知识都烂熟于心，作业中也格外小心。项目部人员在检查工作中，也总是把血吸虫病防治作为一项内容，根据血吸虫病流行病学特点，在施工安排中，避开血吸虫病感染的高发季节，将平原水网段管道施工安排在少雨低温季节进行，减少了血吸虫病感染率。

案例3 项目部在开工前，对每一位员工进行了HSE基础知识培训、山地施工培训并进行了健康检查。项目部制定了较完整的HSE作业计划、HSE作业指导书、复杂地段风险识别及风险削减措施。项目施工期间，经历了当地冬季天气反常的场场大雪，冰雪遮蔽,山路崎岖;经历了连绵不断的阴雨、山水相间的复杂地貌、不见天日的大雾、湿滑泥泞的道路、不断滚落的巨石和随时可能发生的蹋方。这些都成为项目部HSE管理的道道障碍。对此,项目部以人为本,对安全工作极为重视,对安技措施费用从不怜惜,为安全施工,配备了防滑三角木、沟下作业防护棚、隧道施工通风设备及防蹋棚,在每个驻地分别设置了检查车辆刹车和转向的简易地沟,使项目部杜绝了各种事故的发生。

案例4 材料管理方面,项目部运用了价值工程原理和限额领料制度,加强采购管理和材料代用工作。在某标段施工管理中,按照施工技术要求,管线焊接的支撑土墩与管道结合部位需要麻袋装稻壳进行防护,通过认真分析,运用价值工程原理,认为麻袋装稻壳的主要功能无非是保护防腐层和便于焊接两个目的,用编织袋装细土同样可以解决上述两个问题,在与业主和监理达成共识的基础上,在全线推广。按照市场价格计算,一条麻袋的价格为3.2元/条,而编织袋的价格为0.7元/条,全线203公里共计需要麻袋约25万条,成本节余为(3.2-0.7)×25=62.5万元。项目部还将原来河流穿越保护防腐层用的双层橡胶板改为内衬麻袋外包苇帘,并将平地拖管过河改为利用管沟水浮法漂管过河,不仅节约了材料费用,而且节约了大量施工机械台班。经测算,仅此一项节约费用23万元。

案例5 项目部共施工隧道穿越6处,按照业主提出的工期目标,需要购置3套隧道施工机具,每套施工机具租用费约12.5万元,共计约37.5万元。配套的电缆、通风、隧道内照明、管道运输及轨道等措施费高达38万元之多。项目部运用系统工程原理,在安排隧道施工时,将不同长度的管道进行统一考虑,以难度最大、线路最长的隧道作为目标的起始点,顺序安排施工时间,最后,在只购置一套隧道施工机具及配套设施,就按照业主要求的工期完成了任务,节约了可观的费用。在钢管运输过程中,运用现代物流理念,较好地解决了运力不足的矛盾。

案例6 该项目需穿越中型以上河流多处。如果沿用传统的围堰倒流施工技术,不仅需要占用大量的农田,费用高,而且工期也无法保证。在仔细踏勘反复测算的基础上,最终决定采用架设导流管的施工工艺。大口径的导流管当时的采购费用需要4200元/吨×150吨=630000元。经过认真调查分析,否定了原来制定的材料采购方案,而是从以前工程剩余管材中,挑选出适合需要的管材,通过铁路运输到工地,使用过后,利用退场的运管车全部运回基地,总费用节余超过55万元。

通过实施整合管理资源,优化施工项目管理,使日常的各项管理工作提高了一个档次,管道施工走上了科学管理、标准化施工、优质、高效的轨道,从而创造出了更好的经济和社会效益。

三、项目管理的几点体会

1.明确项目部组织机构的设置原则

标段数在两个以内的,且标段方圆直径在300公里范围以内,应以直线职能制组织形式为宜。即采取项目部-项目职能科室-机组。每个标段配置一名项目副经理,主抓标段的协调及资源综合平衡标段数在两个或以上的,且标段方圆直径在300公里以上,组织机构设置应以矩阵制为宜。实行项目总部-项目分部-职能科室-机组。分部应配备必要的管理人员,服从总部的整体安排。

2.项目实施前应进行整体施工组织设计

项目的整体施工组织设计包括:熟悉项目的各种文件、实地踏勘、选择项目组织形式、设计工作流程、进行工作结构分解、选择与配备相关人员、制定项目管理办法及体系文件、生产组织及资源优化配置。

项目整体施工组织设计的重点:1)、熟悉图纸和施工环境;2)、施工项目的难易判别与分类;3)、优选施工方案;4)、机组优化配置。

3.制定符合公司管理要求的经济政策

定额工日带补贴,上缴公司公共费用换工资,利润换奖金这么三块,是构成项目部经济责任制的核心。

上述工作应该在项目施工准备期间完成。

项目部制定的经济责任制,既要体现多劳多得的原则,又要兼顾公平,是创造性和艺术性的有机结合。

充分考虑施工的难易程度和效率高低。

保持一定的灵活性。

例如:项目部的经济责任制的制定,是按照公司审批的劳动定额兑现额,加项目预测目标成本后计算的利润预兑现奖金额的合计,作为项目经济责任制的控制总额。从总额中拿出70%左右,作为固定部分兑现;余下的30%部分,作为活动奖励,比如:日焊接记录奖、月综合进度奖、综合质量、安全奖等。每一个奖项都有相应的条件。三公里的综合进度为一个兑奖期。

4.项目经理的"三·三制"原则

项目经理个人的精力和能力是有限的,他的时间分配应按以下原则分配。

三分之一的时间去协调地方关系,解决施工过程中社会关系问题;

三分之一的时间协调与业主、监理、三方质检、政府监督等方面的关系;

三分之一的时间进行项目内部的管理。

5.对项目经理的定位

项目经理一半是管理者;一半是老师,授业解惑。

项目经理应该是一面旗帜,要有内涵,严于律己。

项目经理是项目规划、政策的制定者,又是坚定的执行者。

项目经理应是指挥员,而非战斗员。

项目经理应注重理性思维,注重宏观层面,有预见性和敏锐洞察力。

项目经理思路清晰,善于把复杂的事情简单化。

项目经理要算大账,使效率和效益和谐统一。

6.注意管理层次、跨度和范围

宏观、中观、微观层面上的管理是动态变化的,对项目管理而言,施工资源的优化配置、经济责任制的制定与执行、重大技术方案制定、各标段的协调、指挥与控制,应属于项目宏观管理的范畴。标段的管理、专业管理属于中观管理的范畴。机组具体施工的管理、分包的管理,属于微观管理的范围。项目经理应注重宏观层面上的管理,管理好自己的副手。

将军事指挥原则渗透到项目管理中,实施图上作业、看板指挥。

综合运用系统工程原理、价值工程原理、网络技术等多种现代化方法,处理和解决问题。

7.项目管理观念的转变

项目部对标段和机组的主要管理职能是:监督、指导、服务、协调和控制。应该把服务和指导放在特别突出的位置,也就具备了监督、协调和控制的功能。

项目管理应努力实现程序化和标准化操作。比如:忠武项目部在分包管理上,实行标准化的合同、签证单、预算书,减少了许多工作量;对外签证,实行统一的作业指导书、签证格式、工作流程,既有文字性的文件,又有电子板的资料样本,简单明了,非常方便。

对业已形成的施工规律应有认识和感悟。比如:对施工前期的"不应期"的认识;对机组和机组长能力的认识;对目标项目环境的了解;职工的心理预期等。

项目管理临时家的意识形成。

各专业管理的措施必须到位。

批评与沟通应讲究艺术性。

有理有据的奖与罚。

快乐而宽松的工作氛围。

随着项目管理工作的不断深化和实践,以上作法会更加完善,本文仅是对项目管理的初步探讨,提出供同行们共同讨论。

建筑工程资料收集与整理中存在的主要问题与对策

◆ 王 飞

(广东建总实业发展公司, 广州 510635)

摘　要：针对当前建筑工程资料管理中不按规范要求进行而存在种种问题, 提出一些建议与方法供同行参考。

关键词：建筑工程；资料；问题；对策

前言

建筑工程项目管理中资料管理是极为重要的一个环节, 它既可以体现工程管理水平, 又反映工程实施过程中的状况。然而在实际建筑工程施工生产中出现种种问题, 导致了工程竣工验收、工程造价核算和档案资料归档等多方面的问题。本文主要以建筑工程资料收集与整理中常见的主要问题作为关注点, 同时提出相应的解决对策, 探讨建筑工程资料收集与整理的基本工作思路与方法。

一、当前建筑工程资料管理中的主要问题

1.资料整理不规范与不完整

大部分工程资料基本上是按照规范整理的, 但也有部分资料整理不规范, 资料员在整理资料时, 应注意检查质量控制资料是否完整, 单位工程所含分部工程有关安全和功能的检测资料是否完整。主要表现在以下方面：

1)书写不规范：工程文件没有按规范要求存档,

没有采用耐久性强的书写材料, 在资料验收时发现有圆珠笔、纯蓝墨水笔书写的文字。出现有的资料发现有字体潦草, 画图不规范等缺点。

2)图幅不规范：工程文件中, 文字材料幅面尺寸规格宜为A4幅面(297mm×210mm), 但在验收资料中发现图幅有大有小。

3) 图纸折叠不规范：不同幅面的工程图纸应按GB 10609.3-89技术制图复制图的折叠方法统一折叠成A4幅面, 并且要求图标露在外面。但有个别工程的图纸资料没有按照统一的要求去折叠, 使工程图资料显得很不整齐, 从而给图纸查阅和存档带来不便。

4)质量控制资料不完整：建筑工程质量控制资料是反映建筑工程施工过程中各个环节工程质量状况的基本数据和原始记录, 反映完工项目的测试结果和记录。

5)单位工程所含分部工程有关安全和功能的检测资料不完整

这项指标是验收规范修订中新增加的一项内容, 目的是确保工程的安全和使用功能。在分部、子分部过程中提出了一些检测项目, 在分部、子分部工

程检查和验收时,应进行检测来保证和验证工程的综合质量和最终质量。

6)整理资料与实际不符:有部分资料员责任心不强,在整理资料时,不深入施工现场,只根据施工图关起门来造资料,结果出现资料与实际不符的情况。

2.技术保证资料存在的问题

1)材料试验报告缺乏代表性,取样的方法不符合标准规定。如:钢筋只取一根截成4段,2段做抗拉,2段做冷弯。水泥取样是原装1袋。

2)取样频率不足,代表数量不确切,如混凝土取样,每层只有一组试件,而房屋主体是由伸缩缝分开的两段。主体施工150天,水泥分批进场,合格证有多份,复试报告只有1份。

3)合格证、试验报告单、验收单内容失真,钢筋、水泥、防水材料等一些主要原材料或半成品的质量,主要通过合格证或试验报告反应出来,而合格证往往不能与销售同步,一般都是抄件或复印件,有些抄件的主要数据明显有错误。

4)试验结果可比性差,砂浆、混凝土试块取样、制作、养护、试验龄期等控制不规范,使试验结果可比性差。

3.竣工资料归档中存在的主要问题

竣工资料作为工程验收和保证今后工程项目的安全运行重要文件,就必须保证竣工资料的完整、准确、系统、齐全、真实地记述和反映施工和竣工验收的全过程,做到原始资料和实物相符,技术数据实而可靠,签字手续完备齐全;同时又必须规范、标准、符合归档要求。一个工程的建设从项目提出、筹备、勘探、设计、施工到竣工投入使用等过程中形成的文字资料、图纸、图表、计算资料、声像材料等资料,都属于竣工材料收集、整理、归档的范围。它是项目建成后进行生产维修、改造、扩建、事故处理和拆除必查的文件资料,也是工程建设竣工验收的必查文件,因此整理好竣工资料意义重大。竣工原始资料在施工过程中出现不准确、不齐全、不规范、管理不善、丢失等问题,给竣工工作带来诸多困难,严重影响竣工资料质量。常见的主要表现为:

1)施工综合管理文件原件不齐全:个别设计、监

理、业主下发的施工管理重要文件,在下发或转发到施工单位后,因保管不善造成遗失、破损。

2)工程质量验收签证资料不齐全:有的工程为满足施工进度要求,建设"四方"现场验收后,没有按国家行业标准规定要求办理书面签字仪式。

3)竣工图文件编制不够规范:一些分部工程都程度不同存在着代用图,而在竣工中又要求竣工图以分部工程组卷,图纸缺量较大,划改图纸只有原则的标准规定,缺少有针对性的细则。

4)施工验收原始签证资料格式不规范:原始施工验收签证资料,并非是开工前统一规定内容和格式,而是在施工过程中,不断增添内容和更换种类,资料格式又不统一,不规范,有用A4的,有用16开的,有用32开的,文件幅面的左白、右白、天头、地脚尺寸大小不一,各有不同,差距较大,给统一规范装订组卷造成困难。

5)施工原始资料书写不规范:施工过程中长期的测量手薄记录、灌浆施工记录都用铅笔书写,一式四联混凝土要料单用复写纸书写。

6)施工原始验收签证资料填写不规范:原始验收签证资料,也有桩号、高程、工程量等项目与实际施工情况不相符,验收项目有空白栏出现,签字笔迹龙飞凤舞和随意涂改等现象,降低了竣工资料的使用价值。

二、解决常见问题的主要基本思路与具体措施

1.基本思路与对策

1)将资料收集与整理作为管理中的重要内容纳入系统管理范畴

从工程项目的建议书开始到项目竣工后评价,都存在资料积累与整理问题。尤其是施工阶段,项目资料的质量好坏,关系到施工企业的形象、信誉,也关系到施工企业的生存和发展。领导重视,众人参与,按照相应规范档案要求进行,作为施工项目的负责人,首先自身应认识到,企业要自上而下都必须加强管理,加强科学技术的投入,不断创新和更新观念,不断克服自身的不足,同时采取专人负责。专人负责是指有专职或兼职对日常资料进行积累、整理

的专门人员。资料管理专人负责工程一开始要指定一名专职资料员，严格按照国家有关规定的技术标准进行收集资料，不应遗漏和隐瞒，工程竣工时，各项资料按照顺序、科目、内容装订成册，进行移交。

2）从工程项目立项抓起是做好竣工资料的前提

建设项目目前均实行项目责任制的管理方式，项目不仅要对整个项目负责，也应对整个工程项目竣工资料负责。因此，为使项目竣工工作与工程建设项目同步进行，项目应将竣工工作纳入工程建设的一部分，从工程项目立项开始就设立竣工机构及人员，负责工程项目竣工资料的收集、整理和归档管理工作，负责工程项目阶段验收管理工作。

3）建立健全资料管理制度是做好竣工档案工作的基础

多数施工单位、监理单位来自不同地区、不同部门，他们都各自按长期形成的习惯进行工程项目管理。要做到工程建设各阶段档案资料的有序管理，保证归档文件材料及图纸的准确、齐全、规范。相应管理部门或档案管理人员，在工程项目建设初期就应结合工程项目实际情况，制定相应的工程项目档案管理规定，明确施工单位各管理部门在工程档案形成过程中各自应担的职责。

4）重视档案知识宣传教育是确保竣工资料质量的有力措施

工程建设管理部门工程管理人员、监理工程师、承包商来自全国各地，对工程档案的重要性认识参差不齐，因此在工程项目开工后，相关单位就应高度重视和加强档案法规和国家或行业质量标准的基本知识宣传和教育工作。

5）严格把住竣工验收关，使工程竣工档案发挥凭证作用

进行竣工验收的一个重要条件是竣工档案资料必须同时或提前通过验收。因此在竣工验收阶段，职能管理部门、监理工程师及档案管理人员要严格把好审查验收关，对各分包商编制的竣工图、文字资料、施工报告要进行认真审查，着重检查隐蔽工程验收记录的真实性和工程设计变更单的落实情况，认真审查竣工图及文字资料是否完整、准确、签证是否完备，组卷排列是否合理等等。

2.解决常见问题的主要措施

科学合理的取样，是保证材料检验质量的前提，需要注意的问题有：(1)合理划分检验批量；(2)选择适宜的取样方法；(3)严格按规程操作。具体体现在：

1）必须按标准规定取样，确保试样的代表性：正确取样是保证试样准确、真实的基础，是正确反映工程质量的前提条件。例如，钢筋取样应在同一批不同捆上随机抽取2根，每根先截掉端部500mm后，截取两段组成一套试件，一段做抗拉，一段做冷弯，两组试件不能混淆。

2）材料的试验取样频率必须符合规范规定，例如，钢筋应按同一炉种、同一钢号、同规格每60t为一批，不足60t按一批计。砂、石按同产地、同规格分批检验。

3）如实反映材料的性能，合格证、试验单必须如实反映材料的质量和性能。复印件或抄件应注明原件存放单位，并有抄件人和抄件单位的签名和签章。工程中所用钢筋、钢材必须有出厂合格证，对有抗震要求的框架结构的纵向受力钢筋，除应有抗拉和冷弯试验外，还应符合GB 50204-92第3.1.3条规定。有的单位的工程资料中，一份水泥合格证复印件上同时出现3天(7天)、28天强度，这属不实。

4）施工技术资料应准确、完整，填报规范化，例如，钢筋的焊接 焊条、焊丝、焊剂必须有出厂合格证，其质量指标包括机械性能、化学成分分析结果等，并注明使用部位，需烘干的应有烘干记录。结构验收记录的填写要规范 记录的部位明确，内容齐全，签证手续完善，时间吻合，真正起到备查原始资料的作用和作为决算的依据。

5）认真执行鉴证封样制度，施工单位在制取试样时，应通知建设(监理)单位派专人参加，并抽样。

资料管理是一个单位工程最基本、最重要的指标，是包括建设单位与施工单位在内的相关单位现场综合管理水平高低和工程质量优劣的反映。因此，必须重视建筑工程资料的管理工作，使资料管理工作更加科学、规范。总之，所有的工程资料，在控制工程质量中起着重要的作用。因而要求资料员在整理时，必须保证资料的完整、规范、真实，以使资料验收能顺利通过，并保证建设工程文件的移交归档。

浅谈施工企业工程分包的管理风险

◆ 杨焕坤，何国民

(中交一公局，北京 100024)

摘　要：工程分包虽然是施工企业转移风险降低经营成本的一种重要途径，但管理不好时又将给企业带来其它风险，必须正确对待和严加防范。但是，一味地回避风险同时将使你丧失了发展的机会，提倡理性分配风险。

关键词：分包；经营；风险；机会

所谓风险，指未来可能发生的造成损失或灾难的事件，是造成项目亏损的危险性，亏损是风险的集中体现。风险无处不在，企业为了避免风险对企业构成的威胁，保证企业能够继续生存发展，降低经营成本，提高利润，稳定职工收入，随时应对突发变故，树立信誉，通常采取风险回避、损失控制、风险分离、风险分散、风险转移等手段对自己面临的风险进行控制和防范。企业通常从自身的经营环境分析认清风险所在，进行估计、评价、处理和控制，最终以减少经济损失为目的。

1　企业常用分包转移经营风险

风险转移并非损失转嫁。这种手段不能被认为是损人利己的坏道德，因为有许多风险对一些人的确可能造成损失，但转移后并不一定同样给他人造成损失。其原因是各人的优劣势不一样，因而对风险的承受能力也不一样。随着社会的不断进步，社会分工越来越细，绝大多数的企业通过几年的炼好内功，在不同的领域均拥有不同的优势。更重要的是，随着建筑市场的不断发育，世界经济一体化的加强，更多

的施工企业均能审时度势地将自己的业务不断向外发展，将企业不断做大做强，甚至冲出亚洲走向世界，施工时适量借助当地的社会一些有经验、有实力的施工队作为企业生产的有益补充是非常有必要的。另外，由于专业承包队管理成本低、有大量的熟练的技术工人，在某些领域可以优势互补，其有利方面已得到业内人士的普遍认可。例如，在ISO9001体系中，分包属于采购要素，被认为是组织(企业)为了满足顾客要求，而解决自身能力不足的有效途径，是组织(企业)质量管理体系中的一个关键要素。

同样的，我国法律也没有禁止分包，但对工程分包进行了必要的限制。综合我国有关的质量和合同方面的法律，我国法律对分包行为有如下的规定：

- 主体工程不得分包；
- 一个项目中的分包总量不得超过总体的30%；
- 分包必须报业主或相关单位登记批准；
- 总包商对分包商质量进度工期负最终责任；
- 分包工程不得再转包或分包；
- 分包单位必须具有相应的资质；

目前,如何在法律允许的条件下,尽量将自己不具备优势的潜伏风险转移至有能力承担风险的实体,争取最大利润,扩大经营范围大胆地承担有利可图的业务,并且不断扩大自己的经营规模和广泛开拓业务,树立企业的良好信誉,稳定与其合作者的友好协作关系。已成为企业的管理者在经营管理中的重要课题。在工程分包管理上,80年代中期,日本大成公司在鲁布革水电工程上的管理案例堪称经典,鲁布革水电工程是我国改革开放后利用世行贷款的第一个水电工程,84年6月16日,日本大成公司按照国际惯例以标底价的57%的最低标价取得了该施工合同,且最终以节约6000万元和提前5个月贯通引水隧洞的佳绩完成合同。究其原因,大成公司主要靠的是先进的技术和科学的管理手段,产生高效率低消耗,从而轻松取胜,而其中的成功的劳务分包管理值得借鉴。大成公司驻工地人员最多36人,其中工程师13人,雇佣的日籍工人18人,中国籍翻译5人,以后逐步减少到21人。全部施工劳务均由本土施企受雇人员承担。为其公司节省了大量的调遣费、培训费、人工费差额和减少了大量的管理风险,为我国施工企业异地组织施工提供了良好教案。

另外一例,99年初,某南方施工企业为了开拓西部市场,通过严格招投标程序以合理标价在西部中得一个公路施工项目,全长7.3公里,工程并不复杂。考虑到该项目距离较远,属于远征作战,对当地气候、人文、经济、市场等了解不足,公司对其行使管理力度较弱,人员、机械调遣极不方便。为此,项目部决定在法律允许范围内,将部分浆砌工程让当地人包清工,并租赁了当地机械设备辅助项目土方施工。但项目开工之初,经理部基础管理工作相对薄弱,对分包工程管理缺乏经验,没有必要的风险防范意识。致使工程进展极其不利,部分工程管理存在一定的问题,个别当地人拖欠民工款,在社会上产生了不良的影响。业主极其不满,当工程进展不到三分之一时,业主立即要求停工整顿。为此,该企业在该区域的信誉和效益惨遭损害。

2 分包对企业风险目标的影响分析

管理风险通常是指人们在经营过程中,因不能适应客观形势的变化或主观判断失误或对已发生的事件处理欠妥而构成的威胁,属于工程项目管理的实施控制中的风险。当你采用分包形式分散风险时,若管理跟不上时,它同时也会给企业带来另外的风险,即:管理风险。我们必须正确对待它,分析它。

首先是工期风险(即局部或整个工程的工期延误,不能及时交工)。分包商往往唯利是图,不求自身投入,全局观念较差,解决问题时就不管轻重缓急,不分主次,经常会出现头痛医头脚痛医脚的临时应付措施,难于管理,协调困难,容易错失施工良机。在进度问题上经理部将陷于被动劣势。

费用风险。现代工程项目自身特点便含有巨大的风险性,风险与利润本来是矛盾的对立统一体。风险越大,可能获得的利润就越高。他们相互对立又相互关系,相互否定又相互依存。没有脱离风险的纯利润,也没有脱离利润的纯风险。但分包管理在运作过程中经常会出现各种不定的因素,存在着一定的潜在风险性,利润往往与风险成反比,风险越大,开支越大,利润就越小。

质量风险。分包商往往只注重利润,考虑的是个人(或是小集体)的利益。有的分包商为了追求较高利润,甚至挖空心思地想方设法偷工减料,加大项目质量管理的难度,质量保证体系必须更加健全,投入也相应加大。

生产能力风险。当没有实力的分包商得到工程后,可能没有能力完成施工任务,在利益的驱动下,想坐享其成,不可避免再转包,势必造成施工队伍不纯正,合同关系混乱的局面。当施工队如果经过多重盘剥后,各方利益将得不到保证,容易错失良好的施工时期。

市场和信誉风险,即造成对企业形象、信誉的损害。绝大多数分包商没有维护企业形象和信誉的意识,质量意识淡薄,信誉风险极大。有的分包商会做到威胁监理、不理睬业主指令等不良行为,企业公众形象将受到极大的破坏。信誉有价,但市场却无情。一旦信誉受损后,企业在市场中将丧失竞争力,需要付出更多的努力才能修复它。

最后是法律责任。即可能被起诉或承担相应法律的或合同的处罚。我国法律明确规定,主承包商是项目的终身责任者，分包后引发的各类问题均由承包商负责。以追逐利润为目的且没有能力完成施工任务的施工队，总是想方设法让自己在执行合同的时候处于绝对的优势和不劳而获。将给企业制造各种麻烦，加大了企业的法律风险和亏损的可能性。

3 如何加强分包工程的风险防范

承包商在工程建设的过程中往往会采用风险转移的手段将自己不具备优势的子项目转给专业承包商，从而将项目中的潜伏的风险转移至他人，减轻自身的风险压力。但是，几年来很多企业由于缺乏分包经验或者说风险防范意识不强，在分包问题上经常产生了利润转移了但风险却还自留着的现象。我们必须从目标风险管理上加以重视，防患于未然，尽力减少自己的失误，将对工程项目各方面的影响的压力转化为动力，才能控制和规避这种为了降低风险而产生的风险。

3.1 为无法承担的风险找个好婆家

谁能有效地防止和控制风险或将风险转移给其他方面，则应由他承担相应的风险责任；谁控制相关风险是经济的、有效地、方便的、可行的，就将风险和机会分配给他，通过风险分配能加强他的责任心和积极性，能更好地计划和控制整个项目。项目参加者如果不承担任何风险，则他就没有任何责任，就没有控制的积极性，就不可能做好工作，例如对分包商采用成本加酬金合同，分包商没有任何风险责任，则承包商会千方百计提高成本以争取工程利润，最终损害企业的整体效益。而如果让分包商承担全部风险责任也不行。一方面，他要价很高，会加大发包商成本以防备风险，而发包商因不承担任何风险，会随便干预，不积极地对项目进行战备控制，风险发生时也不积极地提供帮助，则同样也会损害项目整体效益。我们必须从工程整体效益的角度出发，最大限度地发挥各方面的积极性，努力做到公平合理、责权利平衡。

分包不能如骑虎背。在分包合同管理中必须不断总结经验，逐步完善，不断丰富分包采购网，健全包括分包队伍资质审查、业绩考察、录用原则、质量管理、合同签订、具备条件等方面的整套制度。

3.2 掌握合同主动权，收放自如驾御风险

分包采购必须做到有法可依，有章可循，有据可查，工程的质量才能有保证，企业才有可能继续发展，企业的信誉才能够不断地保持。要求有一套完善的分包合同管理办法，分包时按完善的选择细则，选择性地筛选具有实力和经验的合作队伍，严格按程序签订合理的分包合同。

风险分配应在任务书、责任证书、分包合同等中定义和分配。只有这样，才有可能掌握合同的主动权。在分包时如何切割单元工程有效防止相互扯皮、如何有利于日后管理、如何最大程度地发挥分包商的能力、避免风险，这是摆在我们面前的课题。

不能让分包成为脱缰的野马。一旦分包出现质量问题时，必须及时果断采取措施防止质量事故的继续曼延，使事态不再扩大。事后的整改难度相当大。我们生存的命脉一定要牢牢控制在自己手中。

3.3 加强监控，调动各方积极性

一个工程项目总的风险有一定的范围，只有合理地分配风险，才能调动各方面的积极性，项目每个参加者必须承担一定的风险责任，他才有管理和控制的积极性和创造性，才能有项目的高效益。分包后的风险管理随时不能放松戒备性，既定的制度必须得到有效的检查落实，才能增加发现问题的机会。在实施过程中，必须检查分包商规模、配备、资金投入是否与分包项目相匹配，劳力资源能满足生产需要，生产能力能否按照计划进行，工程款的使用是否得当，分包工程的质量控制是否有效；

分包更要牵住牛鼻子。分包商没有全局观念，工地响应速度慢，落实慢，效率低，现场经常出现混乱。要加强对分包商的技术交底，不能将工程款超付给分包商；没有得到业主支付时，不对分包商结算；拨付工程款后，要监督发放，落实工人是否拿到工资款。每个分包商以小集团利益为出发点，将会造成现场割据严重，各为自政，将增大经理部的协调工作的难度。因此，必须加强指导和监控。

3.4 重视沟通，在和风细雨中到达彼岸

沟通是公认的改善关系、增进理解和提高业绩的有效途径。沟通同时也是避免潜在的管理风险的有效办法，与业主、监理单位、当地群众甚至是本企

业的职工沟通,能使我们工作在和谐愉快的环境中,能有效帮助我们及时发现问题摆脱困境,提高管理质量和减少不必要的损失。同样的,与分包商之间也应该积极沟通。对于进度的要求,监理方面的处理,民事纠纷的处理,民工队伍的管理,施工质量的控制等等方面的问题,相互之间意见需要统一。应避免意见分歧形成积怨,最终走向敌对面。

4 企业需理性地承担或转移风险

分包虽然是一种风险防范措施,但却是一种消极的防范手段。因为风险与机会又是对等的,回避风险固然能避免损失,但同时也失去了获利的机会。处处回避,事事回避,结果只能是停止生存。如果企业家想生存图发展,又想回避其预测的某种风险,最好的办法是采用除回避以外的其他手段,并不断善于总结经验教训,认真调查研究,加强经营管理。

另外,当企业要采用分包的办法转移项目中的部分风险时,还必须选择合适的时机。前面所述的南方某企业所犯的失误,就是没有考虑到,企业刚进入某一承包市场时,首要目标并不是如何获取巨额利润,而是如何在最短的时间内从质量上建立信誉,从速度上显示实力,以最小的代价取得立足之地,尔后再考虑赢得效益。这种情况就不宜采用分包的办法转移风险。这也是致使其在经营活动中,遭受巨额亏损,甚至导致企业信誉严重受损的原因。

参考文献:

[1]杨子敏.公路工程造价指南.北京:人民交通出版社,2000.

[2]张立波.公路工程项目管理实务全书.北京:中国环境科学出版社,2000.

[3]中国建筑业协会.全国建筑企业工程风险与控制实务研讨会资料.厦门,2001.

[4]人民交通出版社.公路建设质量管理文件法规选编.北京:人民交通出版社,1999.

[5]吴之明、卢有杰.项目管理引论.北京:清华大学出版社,2000.

首都机场3号航站楼T3B主楼

由北京建工集团承担总承包部施工的首都机场3号航站楼 T3B 主楼(即 A—2 合同段),是3号航站楼的国际航空港部分,由东、西两翼、核心区和南指廊四部分组成,地上三层,地下两层,分别为国际旅客出发候机区、到达层和旅客捷运车站。它与兄弟集团承建的 T3A 主楼外形一致,一北一南遥相呼应,整体建筑绵延3公里,形似"龙头",蔚为壮观。

该工程的特点一是意义重大,影响深远。它是我国对外的重要门户和窗口工程,同时也是北京2008年奥运会的重要项目。

二是规模空前,工期紧迫。T3B 主楼结构体量巨大,总工期仅有1085个日历天。按照业主的要求,工程将在2004年12月底以前完成土方、桩基础、底板混凝土施工,2005年年底以前完成主体结构,2006年6月实现外檐亮相,2007年3月完成室内装修和全部管线安装,2007年6月底达到竣工验收条件。

三是施工难度大,技术质量标准高。施工区域地下水位高,最浅标高为-20.5米,需降水面积达13万平方米;基础桩总量为7221棵,桩型依据直径大小、长度差异、钢筋配置的不同共有38种规格类型,其中最大的基础桩直径为100厘米,长37米,单桩最大钢筋绑扎量3.679吨,最大浇注混凝土量29.12立方米。加之土方开挖量大,总土方量达150万立方米,且开挖深度不一,并与降水、土钉墙支护等工序交叉作业,给施工及管理带来很大难度。

四是造型独特,设计新颖,结构复杂,科技含量高。大体积混凝土及超长混凝土的裂缝控制;主体结构大面积高等级清水饰面混凝土的质量控制;专业种类多、管线复杂的机电工程施工等,都是必须攻克的难题,也是实施科技创新和管理创新的重点。

爆破挤淤筑坝技术
在围垦养殖区的应用

◆ 王忠锋

(中铁二十二局集团第三工程有限公司, 福建 厦门 361009)

摘　要：围垦养殖区内实施爆破挤淤施工具有淤泥层厚且粘稠、对爆破振动控制要求高等特点。该文根据工程实例给出详细的爆破挤淤施工方案、爆破设计参数和爆破震动监测情况，并对施工中遇到的具体问题给出解决方法。

关键词：爆破挤淤；围垦养殖区；施工方案；设计参数；爆破震动监测

防洪堤、防波(浪)堤、储灰场灰坝等堤坝工程，大多处于淤泥沉积的区域。假定淤泥深度为20m，较拈滞的淤泥稳定坡度为1:10，则每侧需开挖放坡200m，采用开挖淤泥至坚硬基底的工程量和难度非常大。相对于水电站大坝等堤坝工程而言，上述工程对沉降变形要求的标准较低，采用爆破挤淤(也有文章称爆炸法挤淤)[1][2]技术筑坝快捷、节省，逐渐得到推广应用并日臻成熟。

爆破挤淤筑坝原理是利用爆破振动破坏淤泥稳定结构，使其降低承载力，从而利用堆石自重下落到持力层，坝体在多次爆破振动下逐渐密实的一种新型筑坝施工方法。福州可门火电厂灰场下坝爆破挤淤工程位于内海湾浅滩围垦养殖区，挤淤深度达21m。与常见的水下爆破挤淤相比，围垦养殖区浅滩爆破挤淤难度在于：淤泥层厚且粘稠，表面少水呈半干涸状态，隆起淤泥不能有效外流，严重影响爆破落底效果；临近民用建筑物和养殖区，对爆破振动控制标准要求高。本文根据工程实际情况，给出了得到实践验证的爆破参数和爆破震动监测情况。

一、工程概况

福州可门火电厂位于在建中的福州可门港附近，是目前亚洲规划发电量最大并付诸实施的火电厂。工程共分四期，一期工程装机容量为2×600MW。储灰场工程由中国铁道建筑工程总公司承建，中铁二十二局集团三公司负责具体施工。该工程主要包括上游坝、下游坝、排洪系统和灰场辅助建筑物，其中下游坝采用爆破挤淤技术筑坝。由于爆破挤淤是一门新技术，专业性强，因此装药起爆工序由北京中科力爆破工程有限公司负责施工。

1.工程规模

下坝为爆破挤淤填石坝，坝顶高程8.50m，坝顶长度约514.00m，坝址淤泥高程在0.5m左右，从两侧向中间厚度逐渐加大，最大厚度约21m，坝底最低高程布置在−20.5m等高线附近，最大坝高29.00m。爆填坝心石总长度约500m，工程量约38万方。

2.施工条件

坝址位于养殖区内，下游滩涂及海域有大面积的海洋水产养殖，主要养殖鱼、虾、蟹、牡砺等海洋水产品。距电厂厂区西南约1.5km，位于象纬村下游及大坪村和颜岐上游之间的山谷内，距离附近居民房屋最小直线距离为400m。

3.工程地质条件

坝址谷地大部分为淤泥所覆盖，库内无构成灰水渗漏及崩塌的不良地质现象。坝区地层结构较为复杂，自上而下为素填土、淤泥、淤泥质土、粘土等20余种。与爆破挤淤施工相关地层结构简述如下：

素填土：主要为滨海滩涂围垦筑坝所填，厚度0.6~3.2m，主要成分为坡积的粉质粘土、残积的砂质粘性土和强风化花岗岩碎块，灰色、灰黄色、棕黄色、褐红夹白；新近回填，经人工夯实，呈稍密状态，回填时间为1~5年。

淤泥：海相沉积，呈灰黑色、深灰色，软塑−流塑，饱和状态。上部3~5米，用手捏无法成型。偶见贝壳碎片，富含有机物腐殖质，具腥臭味，局部地段含海砺壳等，厚度8.5~20.30m。

二、爆破挤淤施工方案

1.总体方案

总体施工分为三个阶段：

第一阶段为准备阶段。包括机械设备的准备、进场，人员的组织及施工方案的制定，修建临时生活、生产房屋设施，办理相关手续，测量场区坐标和设置控制坐标点，爆破物品及辅助材料的采购等。同时进行防护措施的准备工作。

第二阶段为爆破施工。为加快施工进度，布置左右两个工作面同时施工。同时进行隆起淤泥处理、防护坝等防护措施的施工。

第三阶段为检测验收阶段。

2.施工工艺

(1)堤头爆填

按设计要求堆放堤心石，当达到爆填进尺时开始爆填作业。在堤头泥石交界前沿2~3米处布置药包，采用导爆索传爆网络，陆上起爆。在严格控制进尺和抛填量的情况下，按"抛填−爆破−抛填"循环进行。经过多次爆破和震动，石料落到持力层上，完成了石料对淤泥的置换，直至达到设计堤长。

(2)堤身侧爆填

完成堤头爆填后石料基本落到持力层上，但仍需对堤身两侧进行侧爆填，使堤身石料下部拓宽，并有一定的沉淤深度，以便加宽堤身和整形。爆破设计和施工方法与堤头爆填相同。一般情况下，堤身侧爆填可在堤头爆填后100米时开始。堤身侧爆填循环进尺一般为50m，外侧和内侧各进行1次。

(3)补炮处理

经过上述两步处理后，基本形成了设计断面的轮廓线。经断面测量和检测后，局部未达到设计高程或宽度再进行补炮处理。堤头和堤身侧爆完成后，再进行外侧坡脚爆夯，以确保外侧平台的宽度、厚度、密实度和坝体的稳定性，通过理坡达到设计断面。

(4)布药

布药工艺可选用加压水冲式、液压水冲式、振动压入式和钻进套管式等型式。根据淤泥厚度及表层素填土地质情况，本工程采用挖掘机振动压入式布药机施工。该工艺操作简单，药包位置和埋深可方便调整。

3.爆破参数

根据设计要求本工程堤头爆破下沉高度 $[D_1]$ 满足如下关系：

$$D_1 = K_1(D - D_0)$$

其中:K_1–经验系数,取0.2~0.6

　　D–挤淤总深度(m)

　　D_1–爆破下沉高度(m)

堤头爆填所布设的药包中的单药包重量Q满足如下关系:

　　$Q=K_2bD_1^2(kg)$

其中:K_2–经验系数,取0.2~0.4

　　b–为每炮进尺(m)

　　D_1–为堤头爆破下沉高度(m)

堤头爆填药包的间距$[a]$满足如下关系:

　　$a=1.4*K_3*(0.062Q^{1/3})$

其中:K_3–经验系数,取8~12

　　Q–单药包重量(kg)

堤头爆填布设的药包的个数$[M]$满足如下关系:

　　$M=M_1+M_2$

其中:M_1–堤头前面所布设的药包的个数

　　M_2–为堤头两侧所布设的药包的个数

M_1和M_2应分别满足如下关系:

　　$M_1=int[K_4(B+B_m)/a]+1$

　　$M_2=2int[K_5b/a]$

其中:B_m–堤身在泥面处的宽度(m)

　　K_4、K_5–经验系数,分别取0.4~0.8和1.0~1.5

下面仅根据典型断面图列出堤头抛填、爆破参数和侧向爆破参数:

抛填参数:

堤头抛填与爆破循环进尺4~6m　堤头抛填宽度　35m

下游宽度　21m　上游宽度14m

堤身抛填高程　+5~+6m　堤头爆前抛填超高　2.0~3.0m

超高抛填长度　4.0~6.0m

爆破参数:

处理总长　514m　淤泥厚度21m

循环进尺　5m　布药宽度　35m

药包间距　2.5m　药包个数　15个

药包埋深　10~12m　单药包重量　30kg

单炮药量　500kg　爆破次数　03次

合计药量　51500kg

侧向爆填爆破参数

处理总长　514*2(两侧)=1028m　单药包重　20kg

药包间距　2.5m　药包埋深　8~10m

一次处理长度　≥50m　一次起爆药量　400kg

(两侧同时处理)

爆破次数　20次　合计药量　8000kg

4.爆破施工断面图

三、质量控制与检测

爆破挤淤受客观因素影响较大,目前没有准确的方法一次性确定爆破参数。因此除需要组织、技术、质量保证体系等常规保证措施进行质量控制外,重点在于过程控制和阶段检测控制,以便及时调整爆破参数,达到设计要求。

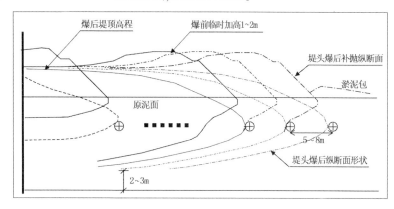

图1　抛填-爆破-抛填推进示意图

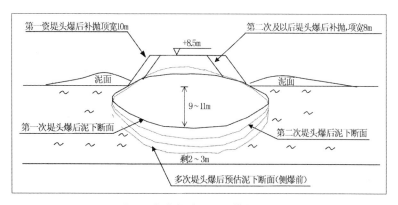

图2　多次爆破处理后横断面图

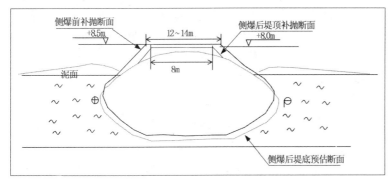

图3 侧爆处理后断面图

1.施工过程中质量监控

(1) 保证抛填参数是控制石料落底的重要手段之一。控制抛填进尺允许偏差±0.5m,抛填宽度允许偏差±1.0m,抛填高程允许偏差+0.5m。

(2)控制装药药包间距允许偏差±0.5m,药包埋深允许偏差±0.5m,单孔药包重量允许偏差±5%。

(3)测量堤头每循环进尺爆填前后的断面。

(4)在堤头30m范围内测量一条纵断面,堤头下沉内外侧不均匀时增加两条纵断面,测点间隔2m。

(5)测量堤身侧向爆填前后断面

每间隔10m测量一条横断面,要求测点间隔2m。内外侧同时爆破时测量泥面以上堤身全断面。

通过上述控制和检测,能够及时发现每次爆破出现的问题,并及时处理。

2.阶段检验检测

(1)体积平衡检验

根据每炮抛填石料质量、方量记录,堤心爆填进尺每30m左右进行一次体积平衡检验,即在准确统计运渣方量的基础上,比对设计断面方量,以便确定堤心石落底情况。根据检验结果,可适当调整爆破参数。

(2)钻孔检测

爆破挤淤处理的坝体一般情况下采用钻孔探摸法进行检测。钻孔探摸应揭示抛填体厚度,混合层厚度,并深入下卧层不小于2m深。断面间距取50m,每个断面在上游和下游台阶各布置钻孔1个。

在下灰坝完成100m以上后,由业主、设计和监理单位共同确定钻孔位置,钻孔2个进行检测。检测结果作为调整抛填及爆破参数的依据。其它钻孔检

测可在爆破处理过程中或者结束后进行。

(3)探地雷达法检测

在灰坝完成后进行检测,堤身每隔100m检测一个断面。采用探地雷达法检测委托给具有相应资质的单位实施。

(4)沉降位移观测

爆破处理结束时,在坝身上设立沉降和位移观测点,沉降位移观测点连续观测3个月,累积沉降量应小于50cm。

四、爆破安全与环境保护

1.爆破安全

对爆破火工品的购买、运输、保管、使用等应严格遵循相关的爆破安全操作规程。设定安全警戒范围除确保人员安全外,还应验算爆破震动安全。根据爆破震动控制相关规定,土坯房,非抗震建筑物的安全震动速度为1cm/s,而沿岸建筑物各控制点距离爆破点最近处为350m,根据公式:

$$V=450\times\left(\frac{Q^{1/3}}{R}\right)^{1.65}$$

其中:V-爆破引起的震动速度(cm/s)

　　　Q-单炮药量(kg)

　　　R-建筑物距爆区中心距离(cm/s)

取Q=500,R=350,算得V=0.87cm/s,小于1cm/s。

2.环境保护监测

在爆破挤淤施工过程中,跟踪监测结果表明对海洋水质影响范围有限,持续时间较短,不会造成施工区外的污染。但在水域较封闭的围垦养殖塘内进行过爆破挤淤处理,特别是在对水质要求较高的鱼类、虾、螃蟹的养殖塘区域进行爆破,这种施工情况比较少见,在规范中也没有明确规定。为了评估爆破震动对养殖塘养殖物和建筑物等的影响,我们委托中国水利水电科学研究院进行爆破振动测试。在现场环境调研基础上,共布置了六个振动观测点。每点均布置铅垂向和水平径向两台速度传感器,共计10台传感器。

结合现场爆破挤淤施工,共进行了四次爆破振动监测。其总药量为360kg和450kg,单个药包重量20kg,单响药量为80kg、120kg和100kg,段间时差为50~110ms。(观测结果表及实测振动波形略)

(1)爆破对环境影响的安全评估

1)爆破对民房建筑物的影响

由于民房的结构形式、材料、基础处理、使用年限、新旧程度以及施工质量不同,其抗震能力也有较大差异。距爆源最近的苏王庙基础实测最大振动速度为1.89cm/s,最低频率为15.1Hz,低于规范规定的安全允许标准。从整体来看,爆破施工工艺和爆破参数不会造成达到设计规范标准民房的结构损坏。

2)爆破对周围养殖场的影响

爆破对水中生物的破坏主要是爆破产生水中冲击波和涌浪对水中生物如鱼类的呼吸器官和平衡器官造成损害。爆破挤淤施工区500m以内养殖场已由业主承包一年,500m以外尚有鱼、虾、蟹的养殖场。因在征用范围内基本上为深厚层淤泥,表层少水,呈半干涸状态,现场不存在产生水中冲击波和涌浪的条件,不会影响征地线外养殖场的正常生产。爆区周围PH值降低、氮氧化物的产生也不会影响征地线外养殖场的环境。

在爆区周围也未观测到"振动液化"现象,距爆区500m以外养殖场的振动速度不到2cm/s,振动频率不到10Hz,振动加速度很小,振动持续时间较短,由振动产生的动水压力和孔隙水压力不会危及到养殖场的安全。

(2)爆破挤淤施工的体会和建议

1)减小最大单响药量。爆破产生的振动效应在周围环境相对固定条件下,主要取决于最大单响药量。考虑到施工期较长,振动频繁,应有足够的安全度,建议单响药量控制在90kg以下。

2)增加分段。在不影响施工进度和施工质量情况下,尽量增加分段,将一次爆破总药量分解成若干次小药量起爆,即可以提高振动频率又可以使各段产生的地震波相互干扰,减小振动影响。

3)合理微差时间。根据观测结果,距爆源约400m处实测振动频率约20Hz,半周期为25ms,距爆源500m处的振动频率约为10Hz,半周期为50ms。因此,采用微差爆破时,当段间时差选用50ms时,各段造成的振动峰值可以错开,减小振动影响,建议1~5段雷管跳段使用,5段以上雷管可以连续段位使用。

4)减小空气冲击波。爆破产生的空气冲击波造成较大噪音,尤其在施工现场山体间多次反射,时间较长,给居民造成很大心理压力与情绪影响。因此:

①药包入淤泥后一定要回填,保证堵塞长度与堵塞质量,减小泄到空气中的冲击波强度。这对提高爆破能量利用率也是有益的。

②改变施工工艺,少用或不用导爆索,改用塑料非电导爆管,减小噪音。导爆索内的黑索金猛炸药爆速达6500m/s,是噪音污染的主要因素。

③固定时间放炮,让居民有心理准备,增强适应性。

5)雨天不能放炮。主要因为雨水下渗造成地下水上升和土体处于饱和状态,使振动速度增大。

6)为确保工程与环境的安全,根据国家有关规定应进行施工全过程观测或重点监测、分期分区监测。根据监测结果可以及时进行数据分析,反馈信息指导施工,控制振动确保安全,同时也为可能产生的诉讼提供科学依据。

五、施工过程中遇到的问题及处理措施

在爆破挤淤施工过程中遇到了很多实际问题,对以下问题采取了有效处理措施,保证了施工的正常进行。

1.对爆破震动和水中冲击波的处理措施

下坝下游有大面积的养殖区,爆破施工时产生的爆破震动及水下冲击波会对养殖区水产品产生影响。

根据爆破安全允许距离的测算,下坝爆破挤淤对下游养殖塘的影响范围达500m。建议业主对下坝下游500m范围的养殖塘进行了为期一年的承包,以降低外界的干扰。此外除采用监测单位的建议如调整抛填进尺、爆填装药量、布药深度、合理微差、控制最大单响药量等参数外,还在坝轴线下游93m的征地

线内侧做一道防护坝，坝基采用间距50cm*50cm的?150mm、长6m松木桩加固基础，并对下游500米范围内业主承包的养殖塘进行开闸放水，降低水位，以降低水中冲击波影响。

2.对隆起淤泥的处理措施

爆填后隆起的淤泥抬高灰坝上、下游近200m范围养殖区池塘的底部高程，由堤坝向外延伸降低，最高处达5m。在阳光暴晒下淤泥表面很快失水形成硬壳，坝头下部淤泥不能有效流动，阻滞石渣的有效下沉，影响落底效果。

由于淤泥隆起后受到挤压，失去水分体积会减少；淤泥加水后体积会膨胀，因此无法精确计算清除隆起淤泥的方量。按坝体淤泥以下坝体填渣量0.5系数估算，清除隆起淤泥量达17万立方，数量巨大。

淤泥清除可采用挖泥船清淤、挖掘机盘运和泥浆泵抽排几种方案。在干涸半干涸围垦区内，淤泥非常粘稠，致使开挖和运输设备装卸困难，效率低下。泥浆泵抽排需用高压水枪冲洗稀释，石子、牡蛎壳等硬物对叶片的磨损和破坏较大。通过方案比选选定泥浆泵抽排方案，由专业施工队伍负责施工。将淤泥排放在灰场空地鱼塘内，同时注意加高鱼塘堤坝，防止污泥溢流污染环境。清淤方量可以根据抽排前后鱼塘容积差计算，但必须经沉淀一段时间后才能进行收方测量。

3.对污水污染下游养殖塘的处理措施

爆破挤淤产生的污水造成下游养殖塘污染，特别是下暴雨时，将爆破挤淤产生的污水冲向下游，污染下游养殖塘。

在下游征地线内利用部分现有堤坝修筑防护坝。基础打松木桩，干砌块石挡墙，护坡设碎石和反滤层土工布。下坝爆破挤淤产生的污水经过防护坝沉淀和过滤，由排水渠流入下游鱼塘，在下游业主承包的鱼塘内迂回流淌沉淀后排放。每个鱼塘的进出口设置干砌块石堰抬高水位，形成多个静水区域，使淤泥有足够的空间沉积。同时关注天气预报，尽量避免台风暴雨期间进行爆破施工，以尽量降低爆破污染。

4.对于海水无法流入坝心的处理措施

由于坝址位于养殖区内，受养殖场隔堤以及灰坝爆填施工后隆起淤泥的影响，爆填作业大部分是在露滩状态下进行，涨潮时海水无法流入坝心，给爆填后加载自沉造成困难。

根据堤头沉降及体积平衡结果判断填石落底情况，采用大功率潜水泵抽水注入坝体，加快坝体爆破扰动后的加载自沉量，必要时增加一次侧爆。

5.对引水管道变形渗漏的处理措施

距下坝轴线90m远埋设了DN600引水管道和明设的DN300临时引水管道，由于下坝爆破挤淤的震动和隆起淤泥外流推挤，影响了的引水管道正常使用，部分接头严重变形漏水。

对受影响范围内的管道，每100m引水管道增设一根变形位移400mm的抗震金属软管，每个转弯处加设1根。该软管已多次在软基或震动环境中成功运用，施工简单方便，工期短。同时在防护坝上再铺一条DN300引水备用管道，通过三通接头与DN600管道连接，保证了电厂用水。

参考文献：

[1]蔡德钧,叶阳升.爆炸法处理地基技术.铁道建筑技术,2005(1).

[2]黄北华,武永斌.浅谈洞头二期围涂挤淤爆破施工.

浅议确保中小城镇城市地下管线安全可靠运行的对策

◆ 楼文辉

(浙江省建工集团有限责任公司浦江分公司，浙江 浦江 322200)

摘　要：笔者长期从事城市基础设施建设管理工作，工作中发现中小城镇城市地下管线在城市基础设施规划和建设中存在不少问题，在分析的基础上探讨了确保中小城镇城市地下管线安全可靠运行的应对措施。

关键词：城市地下管线；运行；应对措施

1　概述

　　城市道路建设是一个由各类地下管线共同配合、协作的系统工程，在一个市政基础设施建设项目中，必须处理好道路、桥梁和雨污水管道、供电、供水、通信、广电、供气等地下管线的整体相通性，这些地下管线密切联系、配套实施。近十年来，我国综合国力极大加强，城市化进程得以挺进，中小城镇的基础设施建设蓬勃开展，道路建设和改建首当其冲，而其下的城市地下管线星罗密布、错综复杂。多数地下管线是随着城市的发展逐步形成的，由于历史的原因，目前中小城镇城市地下管线往往自成体系，分散布置，相互之间缺乏有机的配合，如排水能力与供水能力不相适应；在某些管线系统内部，各环节之间也不够协调，如在排水系统中处理能力往往小于排污能力；现状资料十分欠缺，地下管线工程资料未建档或虽建档但不齐全，不能直观反映地下管线的坐标、标高及走向；地下管线专业管理单位自身不熟悉管线状况；加上施工时，随意性大，地下管线弯弯曲曲，高高低低，极不规则；有的年代已久，腐蚀严重，一碰就坏，这些都给城市道路的改建、扩建带来了不少问题。因此必须严格执行有关法律、法规，确保中小城

镇城市地下管线的安全可靠运行。

2　目前存在的问题

2.1　中小城镇地下管线综合规划滞后

　　中小城镇对新建、扩建、改建城市道路，没有进行地下管线的综合设计，也没有同步施工，造成今天造路，明天"开膛剖肚"的恶性循环。其规划的滞后性表现在：

2.1.1　没有合理利用城市用地，统筹安排地下管线位置，协调地下工程管线之间的关系。

2.1.2　对地下管线敷设的排列顺序和管线之间的最小水平、垂直净距把关不严。

2.1.3　现有地下管线的布置，除少数管线布置在管沟中以外，大部分管线均直接埋设于土层中，地下管线为了避开建筑物的基础，多沿城市道路敷设，不但维修困难，还占据了道路下大量有效的地下空间，缺

图1

乏适应发展的灵活性。对地下管线敷设的覆土深度虽有规范明确,但执行力度不大,造成交叉管线矛盾重重(见图1)。

2.1.4 对地下管线综合规划的近期建设比较重视,但没有考虑远景规划期发展的需要。

2.1.5 地下管线综合规划与各项专业规划不协调,没有在道路的横断面中考虑今后地下管线发展的空间(见图2)。

2.2 中小城镇现有地下管线安全隐患很大,影响地下管线的安全运行表现在下列几个方面:

2.2.1 施工单位在工程建设过程中随意性大,道路施工时因没有取得施工地段地下管线资料或根本没有地下管线资料的情况下,不进行调查,随意开挖,造成了妨碍原有地下管线正常运行。

2.2.2 现有地下管线敷设不严格。如:各种管线专业管理单位把关不严,为使线路短捷,在雨水、污水管中穿高压、低压电力管线,造成安全隐患(见图3)。

2.2.3 现有地下管线不能满足需要,技术落后、不经济。如废弃或抽换,动则就要对道路开挖,使项目经济寿命大大缩短。

2.2.4 现有地下管线竖向位置矛盾极大,结合部位质量低下,造成运行隐患。

2.2.5 现有部分地下管线直埋敷设不规范。覆土深度不足,埋设位置不合理,甚至直接埋在机动车道下,因动荷载作用,造成破裂,有的地下管线对过往行人、车辆和沿街建筑物造成安全隐患(见图4)。

2.2.6 现有地下管线没有综合管沟敷设,路面开挖过多,地下管线重叠,互为干扰,井室重复,造成地下空间资源浪费(见图5)。

3 对策

为了杜绝中小城镇因地下管线不明盲目"开膛剖肚",致使地下管线"伤筋动骨"的种种现象给生产、生活带来诸多不便,各管线单位要树立一盘棋思想,打破管线与管线的界线,是地下管线工程成为系统工程。笔者认为应从以下几方面来给以解决:

3.1 加强中小城镇地下管线综合规划的编制、实施力度

为了合理、妥善布置各种地下管线,经济的使用

地下空间资源及维护管线的安全运行,必须由规划部门进行地下管线综合规划,该规划应合理统筹安排地下管线的空间位置,协调各管线之间的关系,并为地下管线规划设计、施工图设计提供依据。

3.1.1 严格执行《城市工程管线综合规划规范》,重视近期建设,考虑远景发展,并与各专项规划相协调。

3.1.2 新建、扩建、改建城市道路要进行地下管线总体设计,同步施工。城市供水、排水、燃气、供电、电信、消防、有线电视等穿越城市道路的各种地下管线,应当按管线单位提出的建设计划,由规划部门统

图2

图3

图4

图5

筹规划、综合协调，按照先下后上、先深后浅的施工原则，一次性集中建设。

3.1.3 地下管线设规划位置应相对固定，管线之间的间距应严格执行规范规定。

3.1.4 地下管线的竖向交叉要按规定处理。

3.2 鼓励由项目法人投资建设综合管沟，实行有偿使用

3.2.1 对交通频繁的城市道路、不宜开挖的路面路段、道路交叉口或道路宽度难以满足直埋敷设多种地下管线的路段，应采取综合管沟进行集中敷设。

3.2.2 综合管沟宜敷设弱电、给水、雨污排水管线等。无干扰的地下管线可设同一井室；有干扰的应分设井室。

3.3 对新建地下管线施工的要求

3.3.1 贯彻先下后上、先深后浅的原则。

3.3.2 严格执行各类地下管线施工验收规范。

3.3.3 重视地下管线回填土施工质量。

3.4 加强原有地下管线施工时的综合管理，确保原有地下管线安全运行

3.4.1 加强道路挖掘管理。对因地下管线建设需要，确需挖掘城市道路的，需实行政府协调、部门会商、集中审批、集中开挖、围栏作业。推行城市道路挖掘公示制度，城市道路开挖，经批准后必须在当地媒体公布挖掘方案，吸收社会监督，并在施工现场或重要路口设置告示牌。

3.4.2 执行施工前地下管线申请报告、地下管线监护交底制度。施工单位根据图纸和原有地下管线资料交底，安排施工人员实地开挖样洞。开挖样洞是检查地下管线情况的有效手段，从而确保调查已有地下管线的种类、深度、走向等基本情况。

3.4.3 执行工程施工时，工地负责人向施工操作人员的书面地下管线交底制度。交清管线名称、规格、数量、走向、深度、标志及保护措施，使每个操作人员都心中有数，特别是机械操作手，在对地下管线情况不明时，决不能随意动用机械操作。

3.4.4 建立预防管线损坏事故的应急措施。在施工中，一旦发现因现场条件变化而保护措施失效时，应及时向有关人员反映，采取补救措施，防止发生管线损坏事故。

3.4.5 杜绝违章操作。在施工中，必须严格执行有关保护管线的规章制度，严禁违章指挥、违章操作，决不能有侥幸心理。对原有地下管线两侧净距在一定范围内所形成的两平行线的区域为保护区，保护区内禁止用机械开挖，这样既可以保证地下管线的安全，又可以保护操作人员的人身安全。

3.5 重视地下管线工程档案管理，严格执行《城市地下管线工程档案管理办法》，完善工程档案

3.5.1 开工前，应取得施工地段地下管线现状资料。

3.5.2 施工中，对发现未查明建档的管线，地下管线产权单位应测定其坐标、标高及走向，并补充管线资料，向有关单位移交。

3.5.3 竣工时，施工单位应建立地下管线工程档案取得工程档案许可文件后，才可组织竣工验收。

3.5.4 各地下管线专业管理单位应建立地下管线信息系统，对原有地下管线进行普查、补测、补绘，形成地下管线成果，并及时向有关单位移交专业管线资料。

3.6 增强施工单位地下管线保护素质，减少各类管线事故

组织对施工队伍和操作人员地下管线保护知识的学习，对施工操作人员进行保护管线安全知识的教育培训。从而使施工队伍和操作人员在思想上认识到保护地下管线的重要性和损坏管线的危害性，真正掌握各类管线的保护设施和保护各类管线的技术措施，以便在实际操作中运用，减少各类管线事故。

4 结语

中小城镇城市地下管线是一个系统工程，还处于发展初期，这就要求中小城镇城市地下管线的规划设计、拆迁、施工、养护管理等等从业单位和人员要有发展的眼光、顾全大局的意识、主动配合的精神和良好协作关系的能力，从而确保中小城镇城市地下管线安全可靠运行。

参考文献：

[1]GB50289-98,城市工程管线综合规划规范.北京：中国建筑工业出版社,1998.

[2]徐家钰,程家驹.道路工程.上海:同济大学出版社,1995,299-319.

[3]城市地下管线工程档案管理办法(建设部令136号).

国家标准图集

应用解答

◆ **03G101-1《混凝土结构施工图平面整体表示方法制图规则和构造详图(现浇混凝土框架、剪力墙、框架－剪力墙、框支剪力墙结构)》**

问:P37,节点 A:当梁截面较高时,柱外侧纵筋锚长 1.5laE,截断点不在梁范围内,怎么办?

答:截断点位置还应伸入梁内大于等于 500,(从柱内侧边算起)。

问:P40,柱根加密区长度大于等于 $H_n/3$,H_n 应从何处算起?(框架柱独立基础,基础顶面标高:-1.500m,基础圈梁顶面标高:-0.050m)?

答:H_n 应从基础顶面-1.500m 开始算起。

问:P36,抗震框架柱,上柱配筋大于下柱(根数多于下柱,钢筋直径也大于下柱)。问:采用图 1 连接型式是否可以?

答:当上柱纵筋直径不大于下柱时可以采用图

1 的连接构造;当上柱纵筋直径大于下柱时不应采用图 1 的连接构造,而应采用图 2 的连接构造。

◆ **G323-1~2(2004 年合订本)《钢筋混凝土吊车梁》**

问:①有无轻级工作制内容,施工应如何做?
②用于梁箍筋的 Φ10 买不到,可否用 Φ12 替代?

答:①本图集 04G323-2 P53,有安装或检修用吊车梁选用表,可供选用。(见下图)
②可以。

◆ **04G101-4《混凝土结构施工图平面整体表示方法制图规则和构造详图(现浇混凝土楼面与屋面板)》**

问:P39,水平筋与角部斜筋的相互位置关系?
答:斜筋在里,水平筋在外,即水平筋在角部应包住斜筋。

安装或检修用吊车梁选用表

吊车梁编号	允许内力			截面及尺寸	适用范围一		适用范围二		适用范围三	
	M_{max}	V_a	V_z		起重量	跨度	起重量	跨度	起重量	跨度
	kN·m	kN	kN		t	m	t	m	t	m
1Z DL--1S 1B	58.4	53.8	21.7		1(电动单梁) 2(电动单梁)	7.5~22.5 7.5~22.5				
2Z DL--2S 2B	84.3	80.6	29.5		3(电动单梁)	7.5~22.5				
3Z DL--3S 3B	137.4	97.0	42.8		5(电动单梁)	7.5~22.5			5	10.5
4Z DL--4S 4B	237.1	155.9	81.3		10(电动单梁) 5	7.5~22.5 10.5~28.5	5	10.5~19.5	5 10	13.5~31.5 10.5~22.5
5Z DL--5S 5B	296.6	199.4	99.2		5 10	31.5 10.5~19.5	10	22.5~31.5 10.5~19.5	10 16 20	25.5~31.5 10.5~19.5 10.5
6Z DL--6S 6B	376.1	251.3	126.1		10 16/3.2	22.5~31.5 10.5~16.5	10 16/3.2	22.5~31.5 10.5~16.5	16 20	22.5~31.5 13.5~22.5
7Z DL--7S 7B	463.8	313.7	157.1		16/3.2 20/5	19.5~28.5 10.5~22.5	16/3.2 20/5	19.5~31.5 10.5~25.5	20	25.5~31.5

安装或检修用吊车梁选用表	图集号	04G323-2
审核 何儆 校对 刘昌绪 设计 叶修嘉	页	53

施工合同中的四个法律问题

——以两起基础设施施工合同纠纷案件为例

◆ 曹文衔，孟维江

（上海市建纬律师事务所，上海 200040）

摘　要：本文通过对两起大型基础设施施工合同纠纷案件中部分争议问题的分析，指出工程总承包联合体与其成员公司之间的施工合同的性质不是分包合同，而是联合体协议的具体化和补充；同时鉴于我国现行法律法规的规定不明，且实际施工合同中一般也无约定，本文对工程施工过程中的事故风险责任分配方式进行了初步讨论。此外，本文还阐述了以总包人收到业主的相应工程款作为总包人向分包人付款条件的约定，以及施工合同中关于保修期限的约定低于国家建设工程质量管理条例规定的约定的合法性。

关键词：施工合同；总承包联合体；风险责任；保修期限

最近，笔者代理了针对同一大型基础设施的两起施工合同纠纷案件，现将与本文主题有关的案情简述如下：

某地方政府投资的一项水下公路隧道工程，由代表政府投资人的某国有企业作为业主，通过公开招标将工程的设计、采购和施工以EPC总承包的方式发包给某联合体。业主与联合体之间的EPC总承包合同约定采用工程总价固定包干。该联合体有4名成员单位，根据联合体协议，各成员单位分别以约定的出资比例分享权益、分担可能

的亏损。各成员单位分别负责总包管理、设计和施工。随后，联合体又与除牵头单位A之外的其他3名成员单位分别签订了工程设计、隧道陆地连接段施工合同和隧道水下沉管段施工合同。联合体与B公司之间的水下沉管段施工合同约定在合同内工作量范围内工程总价固定，且约定非因B公司的原因造成的工程成本增加或者B公司的施工损失应由联合体承担。B公司又将其中的水下管段沉放、管段接头施工等分包给C公司。B、C之间的合同约定在合同内工作量范围内工程总价固定，且

约定因B公司的原因造成的工程成本增加或者C公司的施工损失应由B公司承担。此外合同还约定，B公司从联合体取得工程进度款和其他费用后的7天内向C公司支付相应的工程进度款和其他费用；如发生事故，在获得保险赔款之前，抢险费用由C公司先行垫付。管段沉放施工过程中发生无法预料的意外事故，致使管段进水。后经B、C的努力抢险、维修和重新施工，最终工程竣工，但事故损失数千万元，工期延误数月。出险后，联合体、B、C之间为抢险、维修和重新施工费用的承担发生分歧，而保险理赔久拖未决。但为了工程大局，各方仍坚持施工抢险、维修和施工作业。工程完工投入使用后，联合体与B公司之间、B公司与C公司之间为合同内工程余款、合同外新增价款、事故处理费用的承担发生争议，C公司遂向仲裁机构提起对B公司的仲裁申请，随后，B公司也向仲裁机构提起对联合体的仲裁申请。

上述两起关联案件涉及大型工程项目施工合同中的多个法律问题，笔者择其要者，对下列问题进行探讨。

一、总承包联合体与其成员公司之间的施工合同的性质是分包合同，还是联合体协议的具体化和补充？

我国《建筑法》第二十七条规定："大型建筑工程或者结构复杂的建筑工程，可以由两个以上的承包单位联合共同承包。共同承包的各方对承包合同的履行承担连带责任。"明确规定了两个以上承包单位可以组成一个联合体共同参与大型建筑工程的承包，并就承包项目向建设单位共同承担连带责任，各方之间按照联合体协议的约定承担各自的责任。

同时，对于大量实际存在的工程分包，我国《建筑法》第二十九条第一款作出规定："建筑工程总承包单位可以将承包工程中的部分工程发包给具有相应资质条件的分包单位；但是，除总承包合同中约定的分包外，必须经建设单位认可。施工总承包的，建筑工程主体结构的施工必须由总承包

单位自行完成。"换言之，在建设单位认可的前提下，总承包方可以将所承包项目中非主体结构的施工内容分包给有相应资质的承包人。上述法条第二款对于存在总、分包情形下的各方责任承担作了如下规定："建筑工程总承包单位按照总承包合同的约定对建设单位负责；分包单位按照分包合同的约定对总承包单位负责。总承包单位和分包单位就分包工程对建设单位承担连带责任。"建设部2004年颁布施行的《房屋建筑和市政基础设施工程施工分包管理办法》第十六条亦作了相应规定："分包工程承包人应当按照分包合同的约定对其承包的工程向分包工程发包人负责。分包工程发包人和分包工程承包人就分包工程对建设单位承担连带责任。"

在本文案件中，联合体与B公司之间的施工合同性质是分包合同，还是联合体协议的具体化或补充？

辨明上述联合体与其成员公司之间的施工合同法律性质的必要性和重要性在于以下两个方面。

第一，如果合同法律性质是前者，则该合同是总承包合同的从合同，其合同效力和履行受总承包合同的约束；如果合同法律性质是后者，则该合同是联合体协议的从合同，其合同效力和履行受联合体协议的约束。

第二，如果合同法律性质是前者，则B公司与C公司之间的合同构成二次分包合同，而根据现行建筑法第二十九条第三款的规定，禁止工程二次分包，那么B公司与C公司之间的合同当属无效；如果合同法律性质是后者，则B公司与C公司之间的合同构成一次分包合同，只要该分包经总承包合同约定或经建设单位认可，则应属有效。

结合联合体共同承包的工程实践和以上法律法规规章的规定可以看出，联合体总承包人与联合体成员、总承包人与分包人在工程法律关系上存在明显区别。

毫无疑问，联合体成员是联合体总承包人的内部成员，是总承包人的一部分。通常情况下，联合体在取得总承包人资格，获得建设单位授予的总承包合同之前，联合体成员之间事先已经签订

了联合体协议，并且该联合体协议也事先提交给建设单位认可。联合体协议主要原则约定联合体成员各方对于联合体(或其牵头人)签订和履行的总承包合同中的工作分工、盈亏分配和责任承担。比如，本文案例中，联合体协议约定，B公司负责工程的水下沉管的全部施工和管理，其他成员分别负责陆上管段的施工、全部管段的设计、制作。又由于联合体协议签订在先，总承包合同签订在后。联合体协议签订时，联合体能否最终获得总承包合同尚未确定，因此，联合体协议只能对联合体成员各方的内部工作分工和责任承担作原则性约定，而难以作具体明确的约定。随着总承包合同的签订，总承包合同的内容得以具体明确，联合体需要再通过具体的分项合同对成员各方之间在联合体协议中的原则性内部工作分工和责任承担加以明确、补充和落实。比如，本文案例中，在联合体协议中只原则性约定了B公司负责工程的水下沉管的全部施工和管理，而联合体与B公司之间的施工合同则对B公司负责的水下沉管施工的技术要求、进度、质量、价款、管理责任等进行了细化和明确。因此，笔者认为，联合体与其成员之间就成员各方在联合体协议中的内部工作分工的落实而签订的设计、施工等单项活动的承包合同是对联合体协议的具体化或补充。

而笔者注意到，根据建筑法第二十九条第一款的规定，建设工程施工中的分包是指总承包人将其承包工程中的部分工程发包给具有相应资质条件的分包人。施工总承包的，建筑工程主体结构的施工必须由总承包人自行完成。虽然上述规定对于在联合体总承包的情况下，分包人是否必然或者必须是联合体成员之外的人这一问题未予明确回答，但是，从逻辑上讲，答案应当是肯定的。因为，首先，联合体是法人的集合，但其本身不是独立的法人，联合体完成总承包的工程内容必定是通过各成员的具体行为集合而成的。如果联合体与其成员之间的施工合同属于分包合同的观点成立，那么建筑法第二十九条第一款关于"建筑工程主体结构的施工必须由总承包人自行完成"的规定在联合体总承包的模式下将永远无法实现。其次，联合体与其内部成

员之间的施工合同是联合体的内部承包协议，这样的内部分工属于总承包联合体的"内政"，这就好比在通常的非联合体总承包模式下，作为一个独立法人的公司将总包工作在公司内部按照专业部门进行内部承包、分工协作一样，不应认定为建筑法意义上的分包。

二、施工过程中的自然灾害和意外事故损失的承担

对于施工过程中施工现场安全风险和质量风险的管理，我国《建筑法》、《建设工程安全生产管理条例》、《建设工程质量管理条例》及《房屋建筑和市政基础设施工程施工分包管理办法》等法律、行政法规和部门规章均已作相关规定。例如，《建筑法》第四十五条规定："施工现场安全由建筑施工企业负责。实行施工总承包的，由总承包单位负责。分包单位向总承包单位负责，服从总承包单位对施工现场的安全生产管理。"第五十五条规定："建筑工程实行总承包的，工程质量由总承包单位负责，总承包单位将建筑工程分包给其他单位的，应当对分包工程的质量与分包单位承担连带责任。分包单位应当接受总承包单位的质量管理。"然而，对于不可抗力等原因引起的在建工程事故风险的承担却缺乏具体的条文规定。不可抗力等原因导致的工程毁损或灭失，因为不存在责任人，所以相应地亦不存在由哪方承担责任的问题，但是，对于因该风险而产生的损失的承担却依然现实存在。在一般情形下，由于建设单位、总、分包各方均参与了建设项目的投保而将该风险间接转嫁给保险公司。然而，现实的情形往往复杂多变，当不可抗力等原因所导致的风险超出保险的承保范围或在保险公司对该风险的赔付尚未有定论的情况下，由哪方承担该风险即变成争议的焦点。

根据我国《合同法》第二百六十九条的规定，建设工程合同是指承包人进行工程建设，发包人支付价款的合同，包括工程勘察、设计、施工合同。建设工程合同属于承揽合同的特殊类型，具有承揽合同的一般特征，其标的是完成一定的工作并交付工作

成果。但是,由于建设工程完成的工作和交付的工作成果属于价值较大的工程,常常涉及到国家的规划、计划等特殊管理,与一般的承揽合同在合同的订立和履行时有较大差别,因此法律对其作出特别规定,将其单列为一种独立的有名合同。正是由于建设工程合同与承揽合同具有同源的共性,《合同法》第二百八十七条规定:"本章(即第十六章,"建设工程合同")没有规定的,适用承揽合同的有关规定"。鉴于,《合同法》"建设工程合同"专章中未对工程建设过程中的风险承担作出特别规定,因此应当适用承揽合同的相关规定。(《合同法教程》孔祥俊著1999年)

承揽合同的一项重要的法律特征是承揽人应当以自己的风险独立完成工作,独立承担完成合同约定的质量、数量、期限等责任,在交付工作成果之前,对标的物意外灭失或工作条件意外恶化风险所造成的损失承担责任,具体到建设工程合同中就是承包人应当以自己的风险独立施工完成工程建设。在完成工作交付工作成果之前,因发生意外或其他无责任人的情况致使工程发生毁损或灭失的,能否按照合同约定完成工作的风险完全由承包人承担。但在工程施工过程中,如果没有明确约定损失分担,发生不可抗力等情形导致建设中的工程毁损或灭失的,承包人、发包人自行承担各自因此而受到的损失。

上述损失一般包括:(一)已经物化的工程本身的损失;(二)施工现场的机械设备、运输工具、原材料、构配件、档案、文件、帐簿、票据、现金和各种有价证券的损失;(三)在工程开始以前已经存在或形成的位于工地范围内或其周围的属于承包人或发包人的财产的损失;(四)清除事故残骸的费用;(五)因意外事故引起的工地内及邻近区域的第三者人身伤亡、疾病或财产损失而依法应由承包人或发包人承担的经济赔偿。

既然在没有明确约定损失分担的情况下,发生不可抗力等情形导致建设中的工程毁损或灭失的,承包人、发包人自行承担各自因此而受到的损失,那么分清在建工程中的损失哪些属于承包人的损失,哪些又属于发包人的损失无疑是解决损失分担问题的关键和前提。

一般认为,有明确所有权归属的物质财产的损失属于所有权人,即对于上述风险负担的规则通常采用"所有人主义"。但对于在建工程以及工地范围内的其他物质财产,经常存在所有权人与实际占有人不一致的情况。此时,如果仍以所有权属作为财产损失归属的唯一评判标准,往往可能并不公平。比如,运抵工地的甲供材料尽管所有权属于发包人(甲方),但在经过发包人点验交付承包人保管前后实际占有人或者实际控制人发生了变化。交付前,甲供材料的所有权人和实际占有人或者实际控制人同为发包人,此时甲供材料的意外损失风险自然由发包人承担;交付后,甲供材料的所有权人为发包人,而其实际占有人或者实际控制人则变更为承包人,此时甲供材料的意外损失风险如仍然由发包人承担,则对发包人有失公平。因此,也有一些国家如我国、法国对于上述风险负担规则通常采用"交付主义"立法模式,即规定物的风险随物的交付而转移。但我国合同法第142条在规定物的风险随物的交付而转移的同时,又规定,法律另有规定或者当事人另有约定的除外。这说明,我国合同法采取的是尊重当事人约定和"交付主义"相结合的模式。尽管合同法第142条的规定放在合同法分则"买卖合同"一章,而建设工程合同不是买卖合同,但是笔者认为,两类合同在物的风险转移的法理方面并无根本差异,合同法第142条对于建设工程合同也可适用。上述法律规定提醒发包人承包人,可以通过合同条款约定不同于合同法第142条规定的物的风险转移和损失分担方式。在没有合同约定的情况下,仍然适用"物的风险随物的交付而转移"的规定。据此,发包人向承包人交付甲供材料后,甲供材料的意外损失风险应由承包人承担。同理,在建工程在工程随着施工进展而逐渐形成的过程中,虽然工程的所有权人为建设单位,但是,由于在工程交付建设单位或者发包人之前,通常总是处于施工承包人的控制之下,因此,在建工程本身的损失风险和后果应由承包人承担;而对于签发完工验收证书或验收合格或实际占有或使用或接收的部分(包括未经验收，发包人擅自提前使用在建工程的任何部分），其意外损失的风险应由发包人承担。

三、以总包人收到业主的相应工程款作为总包人向分包人付款的条件的约定是否有效？

我国《合同法》第五十二条规定："有下列情形之一的，合同无效：（一）一方以欺诈、胁迫的手段订立合同，损害国家利益；（二）恶意串通，损害国家、集体或者第三人利益；（三）以合法形式掩盖非法目的；（四）损害社会公共利益；（五）违反法律、行政法规的强制性规定。"由此推知，在不违背法律、行政法规等强制性规定的情况下，合同双方可以自由确定各自的权利和义务。本案中，总包人与分包人在分包合同中约定，以总包人收到业主的相应工程款作为总包人向分包人付款的条件，换言之，如果业主拒绝支付总包人工程款，则总包人可以此抗辩，拒绝支付分包人相应的工程款。因此，上述附条件条款的订立对于分包人来说具有相当的法律风险，如若业主以种种理由拒不支付工程款，则分包人亦无法从总包方取得相应工程款。然而，在不与上述法律规定相违背的前提下，分包人明知风险的存在仍然作出其真实的意思表示，同意接受该条款的约束，则上述约定应当对其具有法律效力。

当然，如果业主付款违约，总包人在收不到业主相应工程款的情况下，应当积极行使自己的付款请求权。如果总包人怠于行使权利，或者与业主通谋，故意使总包人向分包人付款的条件不成就的，根据合同法第45条第2款关于"当事人为自己的利益不正当地阻止条件成就的，视为条件已成就"的规定，总包人以未收到业主的相应工程款作为其不向分包人付款的抗辩应当不能成立。

四、施工合同中关于保修期限的约定低于国家建设工程质量管理条例的强制性规定时约定是否有效？

国务院2000年1月30日颁布并施行的《建设工程质量管理条例》第四十条规定：

"在正常使用条件下，建设工程的最低保修期限为：（一）基础设施工程、房屋建筑的地基基础工程和主体结构工程，为设计文件规定的该工程的合理使用年限；（二）屋面防水工程、有防水要求的卫生间、房间和外墙面的防渗漏，为5年；（三）供热与供冷系统，为2个采暖期、供冷期；（四）电气管线、给排水管道、设备安装和装修工程，为2年。

其他项目的保修期限由发包方与承包方约定。

建设工程的保修期，自竣工验收合格之日起计算。"

按照立法法第61条的规定，由国务院总理签发颁布的《建设工程质量管理条例》属于行政法规。同时，笔者认为，虽然上述条文中未见"必须"、"应当"或者"禁止"等明显的强制性规定的字眼，但是，从该条第一款中使用的"最低保修年限"和第二款"其他项目的保修期限由发包方与承包方约定"的表述中，应当认为条例对于建设工程中关于基础设施工程、房屋建筑的地基基础工程和主体结构工程、屋面防水工程、有防水要求的卫生间、房间和外墙面的防渗漏、供热与供冷系统、电气管线、给排水管道、设备安装和装修工程的最低保修期限进行了法定，排除了发包方与承包方作出与上述条文的具体规定相冲突的约定的合法性。因此，工程施工合同中承发包双方关于保修期限的约定低于国家建设工程质量管理条例的相关最低保修年限的规定时，根据合同法关于合同无效的规定，上述约定应当无效。为了强化承包人对于在保修期内的工程质量的责任，特别是防止因建设单位在涉及社会公共利益的基础设施工程质量方面的约定不当，维护社会公共利益，笔者建议对《建设工程质量管理条例》第四十条第一款作修改，如修改为"在正常使用条件下，建设工程的保修期限不得低于：（一）基础设施工程、房屋建筑的地基基础工程和主体结构工程，为设计文件规定的该工程的合理使用年限；（二）……"，使其规定的强制性更加明显，避免发包人承包人对其含义和法律强制性的误解。

浅议我国建筑业市场化进程

◆ 李进峰

(中国社会科学院研究生院，北京 100005)

一、我国市场化水平在不断提高

1.我国已成为市场经济国家

自1978年我国实施改革开放政策以来，尤其是上世纪90年代之后，我国的市场化程度不断提高，市场机制在我国经济生活中的主导作用日益显现。据国家统计部门测算，中国非国有经济创造的增加值占我国GDP的比重，从1992年的53%增加到2005年的69%。2005年我国投资所有制结构分析中，非国有单位投资比重已经占到70%，市场主体在投资中所占比重也越来越大，2006年一季度又进一步上升到72%。根据《2003中国市场经济发展报告》研究报告显示，2001年我国市场化程度已达60%，每年大约以1.7个百分点递增，2005年市场化程度达到70%以上，我国市场化程度在不断提高，我国已是市场经济国家。

在国际比较中，我国的市场化程度与经济发达国家和地区仍有一定差距，在改革和经济转轨国家中居中上游位置，领先于一些发展中的大国，我国的位次处于不断提升的趋势之中。这也从另一个方面说明，改革开放以来我国市场化程度的提高。(见表1，中国在国际经济自由度比较中的位次统计表)

另外，我国商品价格领域的市场化程度已比较高，一般商品交换的市场化程度达80%以上，市场形成价格的机制已经基本确立。同时，价格管理体制也逐步朝着建立市场化需求方向发展，政府价格宏观调控的方法和手段在逐步完善。相应的法律、法规体制已逐步建立和正在完善。

2.我国市场经济体制在改革中完善

目前，我国经济市场化与多元化已成定局，买方市场已基本形成，已经初步形成了多元化的市场主体结构。特别是在上世纪90年代以后，中国市场初步完成了由卖方市场向买方市场的转变，且买方市场的格局呈现出进一步快速发展的趋势。由我国建筑企业在市场中竞争的激烈程度可以看出买方市场在建筑业的情况。

市场机制作用在加大，政府控制范围在缩小。政府计划管理内容不断减少，市场管理资源的范围不断扩大。在建立社会主义市场经济体制的过程中，通过市场配置资源的市场机制已基本取代了计划机制，市场机制的作用已经渗入到经济生活的各个领域，并发挥着越来越大的主导作用。

二、行业垄断问题依然存在

不可否认在我国一些行业的龙头企业多数仍为国有企业。例如，2006年推出的中国企业500强，中国制造企业500强和中国服务企业500强，这三个"500强"企业名单中，前10强企业几乎没有一家是借助市场竞争、自然发展壮大起来的企业。在三份500强名单中民营企业入榜者总体不足6%，说明现阶段以市场为取向的经济改革仍有较大的推进空间。我国社会主义市场经济体制属于初步建立和完善时期，市场经济秩序正在处于不断完善之中。一些行业的垄断现象依然存在，行业垄断导致国内制造业总体成本过高和人为制造供给恐慌。如前两年曾经发生的油价、电价、电信服务价格系统"一口价"现象，这些行业的服务合约或多或少仍充斥着"霸王条款"的味道。垄断造成人为的行业间成本失衡，劳动者贫富失衡。国家统计部门统计表明，2005年上半年，城镇居民收入差距扩大到10.7倍，基尼系数已达0.47；2004年全国职工平均收入1.4万元，垄断行业的职工人均年收入超过6万元。行

表1　中国在国际经济自由度比较中的位次统计

		1980	1985	1990	1995	1999	2000	2001	2004
经济自由度指数	位次	–	–	–	77	114	127	128	111
	总数	–	–	–	101	161	156	155	157
世界经济自由度报告	位次	101	82	101	91	81	–	–	–
	总数	107	111	115	122	123	–	–	–

资料来源：传统基金会《经济自由度指数报告》，www.heritage.org在线资料

业垄断限制了竞争,降低社会资源配置效率,恶化竞争秩序。2005年4月中国承包商和设计企业前60强排名中,也有类似的情况,排名前10位全是国有企业,入选承包商60强的只有12家是民营企业,占20%。

三、加快建筑业市场化进程的建议

1.建筑业对市场经济发展的贡献

建筑业是我国对外开放较早的产业之一,为市场经济发展做出了积极的探索和贡献。从"引进来"学习世界市场经济体制经验方面讲,上世纪80年代,建筑业以世行贷款项目云南"鲁布革水电站"引水隧道工程建设为契机,引入面向世界的项目公开招标方式,最后通过公平竞争,日本大成建筑公司以低于成本价43%的优势中标。日本大成建筑公司采用先进的"项目法施工"管理模式,使项目建设管理取得了良好的社会效益和经济效益。在全行业学习推广"鲁布革"管理经验,推动了建筑施工企业向市场经济管理迈进了关键的第一步,即施工企业的"管理层与劳务层"分离,采用单体项目管理、项目核算制度。另外,由于"鲁布革"经验的冲击,也带来建筑业的另一市场取向的改革,即采用"招标投标管理"模式,公平、公开、公正选择施工队伍。

从"走出去"的国际工程承包方面讲,从上世纪80年代开始,我国大型建筑企业从经济援助项目开始向工程承包经营方面转移,在南部非洲和北部非洲,如肯尼亚、博茨瓦纳、埃塞俄比亚等国,参与这些国家的工程承包市场的竞争。建筑企业在国际市场上较早地感受到了市场经济的激烈竞争程度,并把这些市场经济的运作方式很快带回了国内,又进一步推动了中国建筑业的市场经济体制改革的进程。

我国建筑企业在国外参与市场竞争的实践和在国内引入"鲁布革"管理经验,使市场经济体制的建立和改革在建筑业发展的比较迅速。1995年建筑业的大多数工程已开始推行公开招标或议标两种方式。到2006年我国95%以上的建筑工程项目是通过市场公开竞争的方式确定施工承包企业。市场经济的运作方式逐步渗入建筑业的管理的各个环节。

建筑业国有企业数量已由高峰期1997年9650家,减少到2005年的5000多家,国有经济在建筑业的产值比重已由开放初期的1980年的76.9%降到了2005年的29.0%。国有企业职工人数占建筑业比重从1991年35.8%减少到2005年的27.8%。国家直接投资固定资产项目的比例由开放初期的73%下降到2004年的

39%,国家直接干预企业经营、进入私人产品领域经营的行业在逐步缩小。同时,从2003年开始,我国已允许境外企业在我国设立各类独资建筑企业,一些国际大承包商已经进入中国建筑市场。目前,外商投资建筑企业已增加到700多家,国外大型独资建筑企业已增加到30多家。按照政府管理部门与建筑企业的关系;非国有经济在建筑业所占的比重;建筑产品价格由市场确定的程度;建筑企业从市场竞争中获得任务的比重;社会中介组织的发育程度五个方面指标综合评价,我国建筑业的市场化程度已达73%。

2.我国建筑业未来市场化进程

中国经过二十多年的经济体制改革,已经从一个典型的计划经济体制国家变成了初步的市场经济体制国家。中国的市场化程度总体上达到了70%,这说明了我国市场化改革和发展的成就,也表明了我国的市场化进程还要继续推进。我们可以从两个层面展望中国未来的市场化进程。一是改革意义上的市场化进程,可以到2015年基本完成,也就是完善社会主义的市场经济。二是发展意义上的市场化进程的全面完成,是全面建设小康社会的进程,有待于中国现代化的基本实现。

要进一步完善社会主义市场经济体制,加快市场化进程,建立成熟的市场经济体制,应从四个方面推进改革。第一,加快培育要素市场的步伐,尤其是金融市场的建设,如利率市场化建设等,形成统一开放、竞争有序的市场体制。第二,转变政府在市场中的职能,由管制型政府向服务型政府转变。第三,加快法制建设,形成依法兴市场,依法制市场,政府依法服务于市场的良好环境,加快我国市场化进程。第四,推进国民经济的国际化进程,按照WTO承诺与要求,进一步加大开放步伐,提高建筑企业及全行业的国际化水平。

就建筑业而言,要从五个方面加快改革进程。一是完善有形建筑市场的管理机制,创造"公平、公正、公开"的市场竞争环境。二是加快劳动市场、执业服务市场、金融市场的市场改革步伐,促进中小建筑企业的发展壮大。三是建筑业管理部门,要转变管理职能,进一步政企分开、政社公开、政资分开,促进社会中介组织的发展。四是加快建筑业相关法律、法规的制定。如要尽快修订《建筑法》,为建筑业的市场化进程创造良好的法治环境。五是推进中国建筑业"走出去"战略,提高我国建筑企业的国际竞争力,着力培养几家建筑业大企业大集团全面参与国际建筑市场的竞争,成为中国建筑业的"品牌代表",提高我国建筑业的国际化市场化水平。

建筑公司营销策略

◆ 黄克斯

（中国建筑第八工程局，北京 100097）

当前，建筑公司的产品同质化、管理同质化趋向已越来越明显，众多建筑公司在市场营销过程中的手段、方法也越来越接近，但最终的营销成败还是取决于公司竞争策略的选择和自身综合实力的高低。

一、成本领先竞争策略

成本领先策略也称为"以廉取胜"策略，其核心是以较低的生产经营成本或费用获胜，宗旨在于通过为公司建立低成本优势，从而谋求成本领先地位，应对公司面临的各种竞争压力。其一，要做到成本测算，科学确定投标报价。应用科学编制各种类型项目、各经营区域实际消耗的工、料、机等内部成本预算定额，使公司营销成本测算更具有科学性。其二，要强化"法人管项目"。资金集中统一、大宗材料集中采购、劳务队伍统一招投标。同时加大"三次经营"的力度。"一次营经"为市场营销的过程；"二次经营"为现场管理的过程；"三次经营"为清欠催收的过程。通过"三次经营"提高现场成本控制水平，在签证、索赔、收款和结算等环节搞好策划与实施，积极寻求变更，在变中获利，在变中变不利为有利，打造项目制造成本过程控制领先优势，以支撑一次经营的报价竞争。其三，要搞好成本策划，依据成本分析情况，提高报价和竞标策划水平，了解竞争对手竞标策略，按保守型、温和型和冒险型分别设计自己的报价方案，提高公司成本策划竞争水平。

二、集中策略

也称焦点策略或"以细分市场获胜"策略。对建筑公司而言，集中的策略就是要坚持区域经营。一方面要坚持梳理整顿分支机构，积极实施撤、歇、并、转等整合措施，理顺管理关系，集中资源长期主攻区域市场；如果营销人员远离主经营区域之外，到处开辟偏远新市场，或者是到小市场承接小项目，那么就必然会导致经营布点的分散和项目管理的失控。就营销工作而言，一方面要善于集中营销资源和力量专注一个区域甚至一个大的项目；另一方面要专注于细分市场，争取以一个项目、一个业主连通一个系统、一方市场。

三、延伸服务竞争策略

现在的市场竞争并不仅局限于产品品质上的较量，也包括服务质量，因为同样质量的产品，可以因服务优越而产生巨大的产品附加值。公司未来阳光灿烂，也可以因服务低劣而降低公司的信誉，严重影响后续市场的开拓。为此，服务已经成为营销决胜的另一把"杀手锏"。就建筑公司而言，要树立服务业主的理念,把服务延伸到标前、施工和后期三个阶段非常关键。其一,营销工作必须介入对业主前期的服务,了解业主的心理,并引导业主的需求,培育业主的个性需要,提供竞争对手不可替代的服务,比如利用我们自身的技术专长,协助业主做好前期的招标设计以及施工设计咨询服务等。其二,施工阶段,要提供业主个体的人性化服务,增强与业主个体的情感沟通及其需求的满足;提供与业主的双赢式服务,比如利用公司自身的宣传平台为业主推介社会形象,利用自身的品牌影响力协助业主拓展商品房的销售渠道。其三,交付保修期间,要组织好对业主和用户的回访和保修服务,增强其使用的安全感和心理认同感。

四、联盟策略

要从三个目的出发,建立策略联盟:①利用别人的优势资源解决自身资源短缺的问题;②利用别人的经验和能力,解决自身某一方面能力的不足;③优势互补,实现双赢。要主动从竞争走向竞合,整合各种商业和社会资源,变封闭式经营为开放式经营;用标准化的利润控制模式和商业合作模式,以获取利润为目的,以优势联合和风险分担为前提,以合约控制为主要措施,与竞争对手、与建设单位、与开发商、与联营单位、与分包商和供应商实现"共赢"。

五、双向沟通策略

建筑公司因其产品的特殊性,每一件建筑产品各不相同,以订货方式进行生产,先有合同后有产品,在促销策略上只能展示其共同的一面,即所有这些产品都是由某建筑公司生产的,来建立该公司的市场形象,优良的服务、雄厚的技术实力,以此来映射未来产品具有勿容置疑的可靠品质。由此我们制定以下建筑新产品促销策略。

(1)广告宣传:运用现代媒体宣传树立公司的形象、宣传公司理念以吸引业主的注意,增加公司工程项目的信息来源;

(2)展览展示:开设产品展示厅、设置建筑产品图片、沙盘模型、录制一些工程图片的音像资料,甚

至自己设计、施工展示厅,使参观者感受到建筑公司的雄厚实力和良好的人员素质;

(3)激励政策:现代营销应是一种全员营销,公司应制定一系列激励政策,从而形成一种源源不断的激励作用,保证项目的来源;

(4)树立良好的公司形象,文明施工,吸引顾客;

(5)以优质和完美的售后服务,进行产品促销。

六、业主关系管理策略

对公司感到满意的业主就是最好的推销员。美国著名管理经济学家托马斯.彼得斯曾指出,在瞬息万变的市场竞争中,"不要老想着分享市场,而是要考虑创造市场"。早在40年前,彼得.德鲁克也观察到,公司的首要任务就是"创造顾客。"那么,作为传统产业的建筑公司实施业主关系管理显得尤为重要。笔者认为实施业主关系管理可以发挥以下几种效应:

(1)可以提高市场营销效果。公司通过业主关系管理的营销模块,对市场营销活动加以计划、执行、监视、分析,并且通过客户关系管理的前端营销功能模块,提高公司市场营销部门的整体反应能力和事务处理能力,从而为客户提供更快速周到的优质服务,吸引和保持更多的客户。

(2)可以为公司的决策提供科学的支持。业主关系管理建立在大量的数据库之上,其统计分析工具可以帮助公司了解信息和数据背后的规律和逻辑关系。掌握了这些,公司的管理者即可做出科学准确的决策,使得公司在竞争中占尽先机。

(3)可以帮助公司改善服务。业主关系管理的客户提供主动的客户关怀,根据营销和服务历史提供个性化的服务,在知识库的支持下向客户提供更专业化的服务和严密的客户纠纷跟踪,这些安排都成为公司改善服务的有力保证。

(4)可以优化公司业务流程。业主关系管理的成功实施必须通过对业务流程的重新设计,使之更趋合理化,才能更有效地管理客户关系。

(5)可以有效地降低成本。业主关系管理的运用使得团队市场对接的效率和准确率大大提高,服务质量的提高也使得服务时间和工作量大大减少,无

形中降低了公司的运作成本。

(6)可以规范公司的管理。业主关系管理提供了统一的业务平台，并且通过自动化的工作流程将公司的各种业务紧密结合起来，从而避免了重复工作以及人员活动造成的损失。

(7)可以帮助深入挖掘业主的需求。业主关系管理收集各种客户信息，并将这些信息存储在统一的数据库中。同时，客户关系还提供了数据挖掘工具，可以帮助公司对客户的各种信息进行深入的分析和挖掘，使得公司"比客户更了解客户"。

最后，实施业主关系管理会形成客户忠诚度，避免因营销人员的工作变动而带走客户，造成公司损失的情况出现。

建筑业作为国民经济的基础和支柱产业，对促进国民经济发展，推动社会进步具有重大作用。作为建筑业主体的建筑公司在历史的进程中已成为纯市场化运作的竞争实体，在不占有任何国家资源的情况下，只能靠自身的实力打拼赢得一席生存之地。在当前我国建筑市场日渐规范、建筑公司经营管理水平逐步提高和市场竞争日趋激烈的情况下，如何规范公司行为，提高公司管理水平，增强公司核心竞争力，如何有效占有市场、赢得客户资源、谋求更大的利益空间，是所有建筑公司必须正视和急需解决的问题。如今，当客户资源成为决定公司生存与发展的关键因素时，有效实施业主关系管理不失为一种明智的选择。

七、绿色营销策略

绿色营销策略是现代营销学的最新发展。当代科学技术的迅速发展，使人类物质产品极大地丰富了，然而，因资源开采利用所带来的环境破坏问题日益严重，并引起了世界各国的关注。保护环境、提供绿色产品已成为各行各业面临的重要课题。所谓绿色营销，是指公司从保护环境、反对污染、充分利用资源的角度出发，通过研制产品、利用自然、变废为宝等措施，满足消费者的绿色需求，实现公司营销目标[1]。由于建筑产品本身的特点，建筑行业也算毫不例外地受到这种环境保护氛围的影响。在绿色营销观念下，建筑公司必须转向可持续发展的绿色道路，这已经成为建筑公司市场营销成败的关键。

(1)绿色营销是建筑公司可持续发展的必由之路

1)绿色营销是建筑公司可持续发展的内在要求

我国已将可持续发展确立为战略目标，作为市场经济的主体，建筑公司必须实现由大量消耗资源和环境质量的粗放型增长方式向以节约资源和保护环境为特征的集约型发展方式转变。而反映经济和自然和谐发展的绿色营销，能很好地做到降低消耗、节约资源、减轻污染，建立起自然生态与经济相协调发展的公司可持续发展模式，其必然成为建筑公司市场营销的主流。

2)绿色营销是建筑公司适应绿色消费需求的重要策略

环保经济时代，崇尚自然，追求健康的绿色消费代表了市场需求的发展趋势。绿色消费浪潮的兴起要求建筑公司采取相应地绿色营销策略，降低料耗、能耗，相对节约成本，将生态学引入建筑市场，保证居住环境质量、室内空气质量、合理增加绿化比例、减少扬沙扬尘、开发各种节能住宅，设计和生产符合生态环境标准的绿色产品，强化市场营销中的环保要求，采用绿色包装，推行绿色广告，在提高产品竞争能力和获得收益的同时，保持良好的市场形象和信誉，最大程度地满足消费者的绿色需求。

3)绿色营销是建筑公司参与国际竞争的需要

目前，绿色需求和绿色技术水平的差异，正逐渐被发达国家利用作为遏制他国对外贸易的新型非关税壁垒——绿色贸易壁垒，其结果将会使发展中国家出口创汇所依赖的劳动、资源密集型产品在国际市场竞争中处于劣势，逐渐退出市场[2]。因此，国内建筑公司要公平参与国际竞争就必须注重发展绿色营销，以高品质的绿色产品冲破绿色贸易壁垒。

(2)建筑公司发展绿色营销的主要障碍分析

绿色营销观念淡薄。长期以来，建筑公司的经营思想都是以资源无价、环境不变为前提，仍旧停留在重产量、轻质量，先污染、后治理的认识阶段，绝大多数建筑公司尚未认识到绿色营销对其经营活动的影响、绿色需求导致的消费市场变化以及新开拓的市场机会等。

资金匮乏、技术落后。绿色营销由于需要进行相应的工艺设备改造而要求一定的资金、技术投入，但大多数建筑公司用于研究开发、技术创新的资金投入严重不足。

公司污染监管不力。我国虽在持续发展和环保立法方面初具规模，建立了一整套环境管理体系，但其着眼点侧重在生产活动与环境的交互界面上，把保护环境的人力、物力、财力大多数放在生产过程的末端污染排放处置上，而忽视了全过程控制。另一方面，对公司污染行为处罚太轻，对公司的利润目标几乎没有影响，难以有效刺激建筑公司依靠技术创新降低消耗、减轻污染、提高生产效率，走绿色营销和持续发展的道路。

（3）推行绿色营销，促进建筑公司可持续发展

树立绿色营销观念，建立绿色营销体系。绿色营销是建筑公司可持续发展的必然选择，这就要求建筑公司经营者切实转变经营思想，树立绿色营销观念。在经营方略上，不仅要考虑到公司的利益、消费者的需要，还要考虑到公共利益、对环境保护的影响；在经营行为上，积极开发绿色产品，实施绿色包装，制定绿色价格，按照国际ISO14000环境管理体系、Ohsms18000职业安全卫生管理体系进行绿色认证，采用绿色标志，开展绿色广告促销和绿色服务；在利益追求上，不仅谋求经济利益的最大化，而且要把经济利益与环境利益结合起来，重视公司发展与环境保护的协调统一。

加大绿色投资力度，注重发展绿色技术。绿色营销具有公共物品性质，其发展需要政府与公司的推动和参与，特别是在发展初期，绿色产品市场空间较小，绿色技术和产品开发具有较大的风险，公司短期效益可能不佳。因此，政府和公司应调整资金投入结构，加大绿色投资力度，增加研究开发和技术创新的资金投入，开展广泛的国际经济技术合作，引进更多的资本和环境无害技术，将绿色技术纳入我国科技发展战略，加快建筑公司走可持续发展道路的进程。

转变观念，全员教育，树立公司的绿色形象。

建筑公司应转变环境问题与公司发展无关或关系不大的观念，确立环境不仅关系到人类社会能否持续发展，而且将制约公司未来生存与发展的观念，彻底改变以往只管生产经营，不管环境或对环境不重视的思想，把环境管理作为市场营销管理的一项重要任务来对待[3]。同时，建筑公司应进行全员环境教育，提高公司的环境能动性，实现公司高层管理人员、财务、人事、环境专家、工程师、其他专业人员、生产工人等全体员工参与在内的绿色营销，创造出"绿色含量"高的产品，从而在建筑市场中树立公司的绿色形象，提高公司竞争实力和综合效益。

随着人们环保意识的增强和世界经济的日趋绿色化，我国建筑公司必须有足够的认识，并积极采取有效措施，实现营销观念、营销目标、营销策略、营销手段的有效转变，以适应市场经济的要求，适应我国社会、经济、环境可持续发展的要求，使我国建筑公司的绿色营销管理走上新的台阶。

八、网络营销

面对知识经济时代的到来，互联网技术的商业运用已迅速普及，全新概念的网络营销将有力地冲击传统营销模式，其优势日益体现。一是公司可从互联网上获得大量的行业动态信息、竞争者等资料，还可通过网络进行与公司营销有关的所有市场信息的调研，从中发现动向、需求等。二是不少有形市场已开始运用互联网对建筑市场进行管理。三是公司上网宣传，注册域名登记自己的网址，域名可以是公司名称，也可以是品牌，这样就提供了一个高效率、低成本、由自己制作的、面向广大公众的媒体。

参考文献：

[1]胡勤.绿色施工：建筑业实践科学发展观[J].建筑经济,2006,(2).

[2]罗国民等.绿色营销[M].北京:北京经济科学出版社,1997.2.

[3]文章代,侯树森,等.创新管理[M].北京:石油大学出版社,1999.

2006年底在西安举办的"第五届中国建筑企业高峰论坛"上,中天集团董事长楼永良作了题为"中国民营企业可持续发展之路"的讲演。他说,中天集团是三年一个发展阶段。我们2007年到2009年的规划已经做完。下一个发展期,我们要探索可持续发展的结构,强调集成创新人才,强调创新企业制度。我们的企业和国营大企业相比,与国际大承包商相比,还有很大差距。因此,我们必须强调企业活力和创新机制。现在是一个非常好的机遇期,我们要紧紧抓住这个机遇期,力求2007年再跨上一个新的台阶。

我们在前文中已经写到,2005年中天集团上交税收居全国房屋和土木工程建筑类纳税排行第一名,已经成为业界翘楚了。如此高度之下,这2007年新的台阶,将怎样跨越呢?

创新与活力:从10到100

——破解中天的成功密码之二

董子华

楼永良有一句话,颇有道理:"每个企业从0到1,做法都是差不多的,但从10到100,就大不一样了。"

是啊,企业如此,做人又何尝不是这个道理。开始没钱的时候,创业的时候,从0到1时候,大家都能一心一意脚踏实地,拼命求新求变,奋力向前。待有了钱,企业也成了点气候,从1到10了,还能不能保持当年那么一股子劲?特别是从10到100了,还能不能不断地求新求变,改革创新,保持当年的活力?

创新是活力之源。凡是能够长期持续健康发展的企业,都注重不断地求新求变,改革创新。中天十年的健康持续发展,充分证明了这一点。在谈到企业成功的时,中天总裁楼永良说,企业规模越大,保持活力的难度越大,但必须不断地改造、变革、扬弃,保持当年的活力。因为活力才是企业竞争力之源。那么,中天的活力从何而来?楼永良强调:制度创新。

创新之一 大企业规模,
小企业速度的"流程再造"

2004年,中天集团获得的"全国质量管理奖"。在

中天集团获得的所有奖项中,这无疑是最重的一个奖项。要知道,该奖从2001年设立至今,全国数百万企业中只有20多家获此殊荣。但楼永良在申报全国质量管理奖工作总结的大会上,提出一个概念:"要警惕大企业病!"此时此刻,提出这个问题,确实振聋发聩。他说,正是在这一奖项的申报、评估、现场评审过程中,我们发现了自身的许多不足:比如出现了机制僵化、层次过多的现象;比如企业发展战略缺乏有力的支撑措施;比如集体企业运作中的有些弊端还存在等等。楼永良告诫员工:要居安思危!

由此,一场深刻的管理变革在中天拉开了帷幕,一个新设的"管理改进办公室"宣告成立,其中心职责是针对"全国质量管理奖"申报、评估、现场评审过程中发现的问题,负责企业流程再造工程的实施。对中天这一举措,管理学专家、全国质量管理奖评审组组长张晓东说:"获得全国质量管理奖的企业全国有20多家,他们拿奖后都将其当作一项荣誉用以回顾与总结,至今没有一家企业,拿到奖项后立即深入对管理模式进行改革。中天这样做是第一家!"

中天集团管理改进办公室负责人说,中天集团

目前的组织架构均按职能以专业分工方式设立，随着企业规模扩大，导致两种可能性：一是专业化分工过多、过细，使各种分工之间的协调成本提高，从而将专业化分工带来的效率优势大打折扣；二是各职能部门之间职责不清，容易导致交叉或缺位，管理出现漏洞。而"流程再造工程"就是将组织架构按照流程进行重新设立，按照大企业规模和小企业速度的要求，提高企业的管理效率。

创新之二　信息化工程
缩短了管理的链条

有人说，创新有两种：一种是从无到有的创新；一种是创造性破坏的创新。相比而言，后者难度更大。尤其是对中天集团这样的成功企业而言，曾经推动中天成功，或者现在仍在推动中天成功的管理理念和制度要有破有立，更需要勇气和智慧。但楼永良说，企业成功后，昨天的成功往往成为惯性思维，成为模式化思维，成为今天前进的障碍。

创新更需要与时俱进的理念与魄力。与制度创新、流程再造等相适应，中天集团信息化建设也是不惜血本，信息化工程总投入达到2000多万元。中天集团信息化系统是在因特网平台上，建设以经营管理和项目管理为主线、涵盖财务管理、人力资源、工程项目管理、协同办公、知识管理、视频会议等子系统为主要内容的信息化系统。根据公司发展的远景规划，系统有较强的可扩展性，如在适当时候新增电子商务平台等。楼永良说，只有通过信息化才能更好地实现精细化管理和扁平化管理，才能高效地实现远程管理，并对市场作出快速反应。企业信息化不是简单地用计算机代替手工劳动，也不是将传统的管理方式和惯性思维照搬到计算机网络中，而是借助现代信息技术，引进现代管理理念，对不能与时俱进的经营方式、低效的管理流程等，进行切合实际的变革。信息化的建设与流程紧密结合，用软件系统将中天优秀的管理模式固化下来。

目前，中天实施"区域化运作"，在全国业务相对集中、经济相对发达的杭州、上海、北京、西安、广州、武汉等地相继成立了七大区域公司，按照"下放生产经营权，控制人事权，强化审计、财务、监督权"的原则，实行模拟法人运作机制。这一中天首创的赢利模式，大大缩短了管理的链条，提高了市场反应灵敏度，发挥了区域公司、分公司、项目部各个层面的生产经营积极性，一个"市场网络化、基地规范化、管理扁平化"的经营格局已经牢固地确立起来了。

创新之三
民工学校与企业党校

近年来，建筑业发生了巨大的变化，建筑向"高、大、精、尖"发展，科技含量和技术含量越来越高。然而，中天的职工中有三分之二是农民工，如果职工队伍还停留在原来的思想文化素质和技术水平上，不仅远远不能满足现代企业发展的要求，甚至可能成为中天进一步发展的瓶颈。2000年，中天集团德清会展中心项目部经理为了给农民工讲解施工中的一些技术问题，围绕争创"鲁班奖"优质工程目标，对农民工进行培训，邀请了一些技术人员给农民工上课，形成了最初的农民工学校的雏形。到2002年底，整个集团公司的农民工学校已经发展到12所，接受培训的农民工超过1万多人。在各工地争创"鲁班奖"的过程中，农民工学校发挥了巨大的作用，农民工技术和思想水平得到显著提高。

一位四川南江县的农民工说："我原来在家乡也做过建筑，那时做到10月份，连5月份的工资都拿不到手。现在我们一家人都在中天的工地做事。技术差不多都是从中天开办的农民工学校里学来的。经过在这里的培训，技术提高了，还改变很多原来不良的生活习惯。现在我家里生活条件好多了，还学到了很多新的知识。"

作为一家大型民营建筑企业，中天集团拥有全资子公司与控股公司6家，分公司、专业子公司12家。在集团372名党员中，相当一部分关系不在本公司。出于各种原因，不少党员的身份一直处于"地下状态"。为了发挥党员的先锋模范作用，他们民工学校在实践中，得到启发，在规模较大、党员比较集中的项目部的农民工学校里又办起了党校，把流动党员的学习与农民工教育相结合，进一步加强了职工队伍的建设工作。

在学习中,他们除了请支部书记讲党课外,还经常邀请专家学者开设政治理论和专业技术课程;不仅仅欢迎党员和积极分子参加,还欢迎其他群众参加。另外,他们还因地制宜,采取多种形式,邀请当地组织宣传部门的领导和驻地部队官兵给党员上课。如上海公司党支部多次邀请"南京路上好八连"连长给党员讲优良传统。通过学习"三个代表"重要思想和时事政治,大家开阔了眼界,自身的整体素质明显提高,不少流动党员已经成为技术骨干和班组长,有的还被评为省市劳动模范和建设部劳动模范。

楼永良说:农民工从农村到城市,不是单纯的农村劳动力转移,实际上是加快了农民向工人的转变。从促进农村经济结构调整和城镇化发展这个大战略来看,这也是全面建设小康社会的必然要求。因此,中天将党员先进性教育活动和民工的科技文化教育结合起来,形成了具有辐射力的企业文化氛围,为"三年再造一个新中天"打了一个坚实的基础。

可能对一个国有企业来说,上党课办党校这些很平常。但对一个民营企业来说,这里既有强烈的社会责任感,又体现了崭新的企业文化意识,更是具体的制度创新。有了这一切,才保证了中天这一民营企业具有源源不断的活力,并最终转化成为巨大的市场竞争力。

创新之四 "5%与95%"和"制度第一,总经理第二"

回顾这些年中天的发展历程,企业没有什么可凭借的资源,没有政府特殊的扶持政策,也没有轰轰烈烈的市场举动。但制度创新却重未间断,始终推动着中天实实在在地发展着。楼永良认为,制度不是万能的,但企业的正常运行必须有规范的不断创新的企业制度作支撑。中天的快速发展已经持续了10多年,10年来他们在如果在制度方面,从未停止了变革。

中天集团引入目前国际上较先进的绩效考核体系4年后,又增加的新的内容——末位淘汰制。按绩效排名,5%的员工属末位淘汰对象,他们或被换岗、降职、留用察看,或被辞退。这一人力管理制度

的实施,在员工中树立了适度的危机意识和强烈的进取精神。

在末位淘汰制出台施行方案时,的确有不少人表示担忧:末位淘汰制与"以人为本"是否相冲突?但楼永良认为,这一举措给"以人为本"的人力资源管理注入了新的内涵。"以人为本"是要通过"流水不腐、户枢不蠹"式的末位淘汰,使人力资源体系更健康、更有活力。不可否认的是,企业做大做强后,有少数人出现不思进取的苗头。而企业的活力首先源于人的活力,淘汰5%的员工,是为了保证95%员工的活力。末位淘汰制正是为了改革"只进不出"、"从一而终"的用人制度,树立适度的危机意识和强烈的进取意识。

这一绩效考核结果出炉后,按绩效排名,5%的员工属末位淘汰对象,有6位主管和11名管理人员被换岗、降职、留用察看或辞退。这次末位淘汰充分体现了中天集团"用人看品质、升迁重业绩"的"用人观",有力地促进了员工行为、员工能力与企业同步、同向发展,真正做到了不进步就要被淘汰,进步慢了也要被淘汰的理念。

中天集团的发展中一个非常重要的特点就是高度重视提升执行力。而提升执行力所遵循的方针是"制度第一,总经理第二"。这项规定要求制度是企业一切活动的基本准则,有章必依、违章必究,任何人不得凌驾于制度之上,杜绝个人主义、自由主义。楼永良认为,"我们集团已进入快速发展的轨道,全国几十家分公司,要管理好这么大的一个家业,必须靠制度。建筑行业说穿了是服务性行业,必须重视'诚信、务实'。我们提出'制度第一,总经理第二'的口号,就是要每一个中天人都必须服从统一制度,在规范化操作的前提下,员工才能自觉地将质量最好的产品做出来。"

在中天,记者看到这样一个公式:**制度创新+文化升级+流程再造+信息化应用="中天"管理水平再上新台阶**。

在这里,"制度创新"被排在第一位。他们说,有活力,才能有创新;不断创新,才能有活力。有活力,才能紧紧抓住战略机遇期,为2007年再跨上一个新的台阶打下一个坚实的基础。

论加强建筑工程施工项目管理与机制创新

◆ 朱小林

(广州市第二建筑工程有限公司, 广州 510045)

摘 要:项目管理工作是建筑企业管理工作的重要内容, 加强项目管理工作与现场管理, 进行机制创新对企业适应市场与提高经济效益都十分必要, 本文针对建筑施工管理特点提出基本工作方法与创新内容, 从而提高项目管理水平与企业竞争力。

关键词:建筑工程;项目管理;创新

前 言

项目管理已在工程建设中得到极为广泛地应用,并且在工程实践中取得了良好的实效。作为建筑施工企业的微观基础不但项目管理部担当施工项目管理的直接管理责任, 同时企业职能部门也承担起对项目管理的相应职责,因此,系统地从建筑施工企业整体角度剖析其项目管理的状况并提出加强项目管理具本创新措施将有利于提高项目管理水平,促进企业基础管理工作。

无论是民用建筑还是工业建筑, 按照图纸要求的高质量的建筑工程, 均需要经过精心组织,加强管理,将项目生产中各方面要素进行有机协调,使各方面的工作与要素按计划相互配合, 将直接决定项目管理的效果。

一、加强工程项目管理的必要性

由于工程建设项目是一个系统工程, 有它合理的项目寿命周期,有客观需要的项目阶段及项目专业。工程设计、采购、施工、竣工验收是一个整体,这就产生了对设计、采购、施工全过程进行系统化、正规化和整体化管理的需要, 特别是施工生产过程中涉及到许多要素的组织与投入对项目管理提出了很高的要求。因此,加强项目管理,提高项目经济效益,满足建设方的质量与工期求成为项目管理的各项目标。

二、加强工程项目管理四大关键系统

安全、技术、组织、经济四大系统直接影响与决定项目管理水平，建立与完善四大关键系统协作运作，真正提高项目运行能力十分必要。

1.安全系统,建立施工业是高危行业,事故多发行业,坚持以人为本,确保安全生产是各项工作的前提条件。建立企业安全管理体系是目前许多企业都推行的常用模式,事实上它是行之有效的,但不少企业在实施中流于形式,使得效果难以体现。

2.技术系统:它包括技术管理与工程质量管理等多个方面。工程项目管理的最终目的是向业主交付低成本高质量的工程产品。决定工程产品质量的关键在于施工技术水平,只有采取先进的技术,才能做到低投入高产出。

确定科学合理的施工方案与施工工艺是技术系统的重要内容,通过应用新工艺、新设备、新技术、新材料,进行技术攻关、技术创新,是提升技术系统实力的关键和核心。同时技术系统影响着工程项目的经济系统,先进的、经济合理的施工方案,可以缩短工期、提高质量、降低成本。因此,作为工程项目管理的核心,提高工程技术含量是确保工程质量、为业主提供优质服务的前提和基础,也是体现企业核心竞争力的根本。

3.组织系统是项目管理的中枢。工程项目的组织、协调、控制都是由项目管理人员完成的。工程项目管理,人是第一要素。建立以项目经理责任制为核心、灵活高效的组织体系,是项目管理运行的基础,更是实现工程项目的四控制(进度、质量、安全、成本),四管理(合同管理、现场管理、信息管理、生产要素管理),保证工程三大目标(合同目标、成本目标和现场管理目标、实现的必要条件。项目经理的综合能力和项目班子整体素质决定着项目管理的效果。项目部完善的用人机制、分配机制、监督机制和高效灵活的组织体系是项目管理高效运行的保证。同时积极运作专业分承包队、施工队和劳务队,以提高基础施工能力,使项目能够集中人力和精力来专注项目管

理,这对有效组织施工生产、优质完成工程任务至关重要。

4.经济系统是检验项目管理质量的标尺。工程项目管理的水平,项目管理的好坏通过项目经济运作的质量直接体现,经济系统是检验项目管理质量的标尺。工程施工既是一种生产活动,同时也是一项经济活动,工程施工势必投入人、机、材及建设资金,过多的投入会造成浪费,资金运转效率低下。过少的投入又会导致工程进度的延误和工程质量受投。因此,确保经济系统良性运行是项目管理的职责和重要内容,又可以反映项目管理效能。

安全系统、技术系统、组织系统(人力资源系统)、经济系统从不同角度涵盖了项目管理的方方面面,构成了项目管理的核心内容。因此,控制好三大系统的运行,保证其运行质量是项目管理的关键所在。

三、加强建筑工程施工现的管理

1.施工现场管理建筑施工企业项目管理的一个必不可少关键方面与内容,也是项目管理水平提高得到体现的实际表现。

1)质量管理是施工现场管理的根本和基础。加强质量管理必须明确该工程的质量要求,编制好施工组织设计、质量保证措施及施工方案,使每项工序落实到人,责任到人,从而有效的组织好质量管理,使工程项目达到优良工程、精品工程。

2)安全管理是施工现场管理的前提和保证。加强安全管理必须对每个人做好三级安全教育,使之对安全生产有个清楚的认识,同时制定好安全管理细则,严格执行有关制度,使安全管理落到实处,使工程项目达到达标工地、样板工地。

3)抓好材料管理、进度计划的实施是施工现场管理的效益追求。

2.在施工现场管理中采取目标管理模式

目标管理是现代企业管理中的先进的管理制度和方法。在建筑施工质量管理中实行和运用这一管理方法,对于提高工程项目管理水平,调动工程施工

人员的积极性和创造性，加强与调节企业的内部计划管理和对市场的适应性，提高企业的经济效益等等，都有重大的意义。

目标管理运用到建筑施工质量管理中，是在建筑产品逐步市场化和产品质量化的趋势下开始的。例如:将企业的任务转化为目标。企业的质量目标管理主要是根据国家的现行标准及遵循社会主义市场经济,立足于企业的特点而展开的。

根据建筑工程施工的特点，整个施工质量管理是以工程项目为

中心开展的,施工质量管理目标的制定、实施、完成都是一个完整的过程。

四、进行项目管理机制创新,提升项目管理水平

项目管理机制是施工企业经营管理机制的重要组成部分，只有建立了科学高效的项目管理机制,项目才能给企业带来预期的效益，并开拓源源不断的市场。项目管理机制创新主要是针对项目管理要素中人、财、物这些子系统间相互依存、相互促进、相互制约的内涵进行创新和实践。项目管理机制的创新主要是组织机构的创新、制度建设的创新、项目生产要素运作方式的创新以及人才管理机制的创新。

1.实现组织机构创新

建筑施工企业走过了几十年的历史，为国家创造了巨大的财富，为国民经济做出了重要贡献,但由于历史的原因，在项目施工管理中,把项目定义为合同签订后，合同明确的范围作为项目，然后对此项目进行管理。项目经理部随着合同的签订而诞生，随着合同的终止而完结。项目部代表建筑施工企业，但它本身又并不是企业，无法承担这一明确的有界限的责任，项目部在工程施工中往往只考虑自身的局部利益，不能将项目部的运作和企业的发展联系起来，给企业留下了潜在的隐患;项目经理拥有人、财、物的处置权，拥有指挥、决策权，企业对项目经理有责任书，但缺乏有效的制约。

项目管理机制创新，要明确项目管理的性质,将

项目部建成一次性的项目管理经济组织，实现组织机构创新。项目部是经济管理组织，企业必须靠制度来规范和约束其管理行为、制度建设。一是企业管理者和职能部门对项目的管理和控制要规范化、制度化,要尽可能统一项目管理模式。要有机处理好企业经理与项目经理、企业职能部门与项目经理部的关系。项目经理是企业经理在项目上的全权代表，代表企业对外履约。

推动项目生产要素运作方式的创新，按照市场化分工、专业化协作的要求,进一步深化施工管理体制和组织方式的改革，对构成项目生产要素的各种资源包括项目经理在内进行重新整合，以内部市场化的运作方式代替过去的行政指令，推动企业全要素市场化。

2.实现人才管理机制的创新

项目人才管理机制的核心是项目经理的管理机制，而创新项目经理的管理机制，一是需要企业统一认识，把项目经理真正当作一个职业，并且当作稀缺资源来看待，形成内部的项目经理人才市场，对项目经理实施业绩档案和资质的动态管理，用市场机制进行调控，促进项目经理队伍的职业道德建设。二是要落实项目经理的责、权、利，做到赋之以责、给之以权、厚之以利，保证项目经理的稳定性，使其能够把职责履行到底。三是要形成相应的激励机制。既然承认项目经理是稀缺的人才资源，就应该按市场原则进行定价，敢于突破传统的分配禁区，实施利益激励;承认项目经理的社会价值，实施必要的精神激励;通过市场选择实现优胜劣汰，实施竞争激励。四是要完善项目经理队伍的储备、教育及淘汰机制，以市场化的手段推进职业化的进程，从而带动各种生产要素的市场化，提高企业的核心竞争能力，实现可持续发展。

总之，建筑施工企业的项目管理创新，必须通过管理理念创新、管理机制创新、管理方法创新来实现，从而提高企业核心竞争力。而项目管理的创新，则构成建筑施工企业管理创新的核心和不竭动力，也是建筑业企业实现可持续发展不懈追求的目标。

设计施工一体化的结合点

◆ 王铭三

（中国铁道工程建设协会，北京 100844）

长期以来，受美国的影响，设计、施工分家成为世界的普遍现象。

"大跃进"时期，我们在"解放思想，敢想敢干"的浪潮中，也曾试行过设计施工一体化，把设计院和工程局合并，从组织结构的角度把设计与施工捏成一体，这种"拉郎配"式的一体化，终因一个机构内的两张皮而宣告失败，设计院和工程局又复归原位了。

改革开放以后，我们又将设计与施工的结合点下移到了项目，实行"设计指导施工"。由于设计者蹲守施工现场，可以及时发现施工现场的实际状况，及时变更设计，以弥补勘察设计的不足，起到了良好的效果，但终因设计与施工处在不同的利益立场，当设计与施工的利益发生冲突以后，扯皮仍继续存在，只不过是把扯皮点从局、院的层面下移到项目而已。

例如笔者所在的某铁路线，有一座5m版涵，既有过水又有过人的功能。当地一果园被铁路线分割成两半，果园为行走和运输方便，要求将版涵向东移30m，以便联通便道；而设计人员坚持原地建版涵，以联通水道；施工方提出变通方案，在水道处修一1m圆管，以便过水，在便道处修一3m版涵，以便过人和拖拉机，既可满足双方的要求，又不增加工程造价，但由于设计方坚持原设计方案，致使施工受阻，拖延三个月不能开工。最后，经部基建总局出面协调，设计方将5m版涵按果园的要求东

移30m，同时改移水道。这样的变更设计，不仅拖延了工期，而且增加了改移水道的工程造价，可谓得不偿失矣！

如果设计与施工的结合点，不是概念化地放在"项目"，而是具体化地放在"项目经理"，则可避免以上弊端的发生。

把设计与施工的结合点放在项目经理，可以对设计与施工进行通盘考试，使设计更贴合于施工，而不是游离于施工；使设计更便于指导施工，而不是制约施工；使变更设计更快捷，而不是拖延施工；使设计更利于降低施工成本，而不是抬高施工成本……

要实现真正的设计施工一体化，必须进行三项改革。

第一，重新划分设计与施工的分界点

设计与施工，作为两种不同性质、不同属性的行业，作为工程建设的不同工序，必然有一个区分的疆界。过去，我们把分界点放在施工图设计之后，由设计对每一根钢筋的摆放都进行了明晰的限定以后，施工也就只能按图施工了，由此派生出的设计指定产品，也就顺理成章了。

如果，把设计与施工的分界点，划分在施工图设计之前，也就是施工图设计下移到施工单位，一是可以促进施工企业的素质提高，把那些不具备施工图设计的企业，排除在一级承包范围之外，就可以减弱

一级建筑市场的恶性竞争;二是施工企业可以从施工图设计中获取更多的效益,以利于大型骨干企业的做强做大;三是可以使施工图设计更优化,更符合施工的实际。

当设计只留下建筑师和结构师的工作以后,设计企业则可改变目前"尾大不掉"的现状,更精于设计的专业,促进建筑师、结构师水平的提高,以涌现出更多的建筑大师。

第二,推广设计施工总承包

设计施工总承包之所以推行迟缓,其阻力在于计划经济体制下的价格机制。

当一个工程项目确立以后,政府部门首先需要明确的,是工程项目的投资额度。建设单位即使用单位,希望提高投资额度,以提高工程的档次;施工单位希望增加投资,以从中获取更多的收益;设备制造单位希望扩大投资,以提高盈余额……政府控制投资的唯一助手,只有设计一家了,政府只能向设计询价,或要求按照给定的投资额进行设计,而且设计的深度越精细,审查设计就越方便,控制投资就越有力。因此,在政企不分的情况下,政府依靠设计的概算制约施工,施工超概算就成了第一大罪;在政企分开的情况下,政府把设计的概算作为标底,以防止施工企业漫天要价,更有甚者,由于设计是把概算作为取费的依据,政府为提防设计的高估冒算,还要在概算的基础上明确一个"降低造价"的比例,作为招标的标底,以便把造价控制得更有把握些。

实行市场经济以后,建筑市场得到了进一步的完善,产生了咨询、造价这样的中介机构,政府有了询价的中介,就有了把握投资的底气,就可以进行设计招标了,并可以通过招标,得到产品与价格最合意的方案设计,然后再利用设计方案进行施工图设计和施工一体化总承包的招标。

施工图设计与施工一体化的总承包,可以使总承包商获得更多的利益,这些比单纯的施工承包多得的利益,源于两种施工方式的差价。例如在某铁路线上的一座大桥,为了节约混凝土,设计采取了变化断面的方形桥墩,这种变断面方墩不仅增加了模板制作的难度,而且还要实行间歇灌注,拉长了工期,既影响桥墩的灌注质量又影响美观。

如果桥墩改成圆形或圆锥形,采用滑模进行施工,虽然要多用些混凝土,但与工时和模板的节约相比,仍是利大于弊。设计采用变断面方墩的唯一理由,就是节约混凝降低造价,因为工程造价是按照混凝土数量计算的,至于浪费模板、耗费工时是施工企业自己的事了。

中标合同签订后,工程价款已经基本确定,投资方虽然不可能再从节约中获得益处,但施工企业则可以通过技术、经济的优化得到收益,这些收益用于技术开发、人才培养,将有助于我国施工企业的发展壮大,建筑业核心竞争力的提高。

第三,培养设计施工一体化的建造师

位于项目管理前沿的建造师,是工程项目的生产者。项目的每一个部位,每一道工序,都是设计与施工的结合点,所以,每一个建造师,都应该既懂施工技术,又会施工图设计,还要随时根据建筑及环境的变化进行变更设计。

由于施工图设计与施工长期以来的分家,使得进行施工图设计的工程师不懂施工,进行施工管理的工程师不懂施工图设计。因此,新型的建造师则应成为施工图设计与施工一体化的新型人才,迅速补上施工图设计这一课,就成为培养建造师的当务之急,而且也是我国建造师走上国际建筑舞台的必由之路。

世界上没有单纯的"技术工种",一切工种都是"熟练工",所谓"熟能生巧"就是这个道理。因此,建造师必须在不断地施工图设计实践中增长才干,从在手在建的工程项目开始,着力思考还有哪些可以优化设计的地方,如何变更设计才能达到节约的效果等等,从现在做起,从一点一滴做起,不出三五年,当思考设计、变更设计成为习惯的时候,一个国际化的建造师就会成长起来。

总承包企业的领导人,如果把实现设计施工一体化的希望,寄托在大量引进设计人员上,或寄托于上级进行人力资源整合,那就大错而特错了,综观国际知名的建筑企业,根本就没有只进行设计而不管施工和只懂施工而不懂设计的"半拉子建造师",因为建造师的内涵就包括了施工和施工图设计,这是国际建筑业发展的大趋势。

建筑工程施工工艺标准汇编(缩印本)

【内容简介】 本书为应用最为普遍的常规施工工艺标准汇编,是根据施工验收规范量身订做的系列标准,包括混凝土、建筑装饰、钢结构、建筑屋面、防水、地基基础、地面工程、砌体工程、建筑电气、给排水及采暖、通风空调、电梯工程共12项施工工艺标准分册。本标准可作为企业生产操作的技术依据和内部验收标准;项目工程施工方案、技术交底的蓝本;编制投标方案和签定合同的技术依据。

【读者对象】 建筑施工企业工程技术人员和管理人员。

【目　　录】 建筑装饰装修工程施工工艺标准(ZJQ00-SG-001-2003);混凝土结构工程施工工艺标准 (ZJQ00-SG-002-2003); 建筑地面工程施工工艺标准 (ZJQ00-SG-003-2003);电梯工程施工工艺标准(ZJQ00-SG-004-2003);钢结构工程施工工艺标准(ZJQ00-SG-005-2003);建筑电气工程施工工艺标准(ZJQ00-SG-006-2003);屋面工程施工工艺标准(ZJQ00-SG-007-2003);地基与基础工程施工工艺标准(ZJQ00-SG-008-2003);建筑防水工程施工工艺标准(ZJQ00-SG-009-2003);给排水与采暖工程施工工艺标准(ZJQ00-SG-010-2003);通风空调工程施工工艺标准(ZJQ00-SG-011-2003);建筑砌体工程施工工艺标准(ZJQ00-SG-012-2003)。

建筑施工资料及验收表格填写范例

【内容简介】 本书以现行国家规范、规程为依据,结合北京市《建筑工程资料管理规程》,以工程实例的方式,全面介绍了各类施工技术资料及验收表格的填写要求,以及工程资料管理的基本常识。全书内容共分为五章,包括工程资料的分类与管理、工程资料编号原则、施工资料填写内容与要求、施工资料填写实例、施工质量验收记录填写实例。

【读者对象】 本书适用于建筑工程施工企业技术人员、管理人员,工程监理人员。

【目　　录】 第一章　工程资料的分类与管理;第二章　工程资料编号原则;第三章　施工资料填写内容与要求;第四章　施工测量记录填写内容与要求;第五章　施工质量验收记录填写实例。

建筑企业文化与管理

【内容简介】 随着企业管理理念的变革与更新,企业文化建设已经成为企业管理制胜的法宝。优秀的企业,势必有着良好的企业文化形象,而企业的文化之髓,也是企业管理进一步优化与提升的催化剂。本书作者长期从事建筑行业企业文化工作研究,掌握了大量的企业文化建设的精彩案例。在本书中,作者通过对于建筑企业内部企业文化可能渗透到的每一个细节都有较为详细的论述,并以大量的实例来加以说明,有很强的可读性,是建筑企业进行文化建设、战略管理以及整个企业运营所不可多得的一手资料。

【读者对象】 本书适合建筑企业管理层、HR 管理者、工会管理者、建筑企业管理专业学生,建筑行业各类培训机构等阅读和使用。

【目　　录】 第一章　绪论;第二章　建筑企业文化基本特征;第三章　建筑企业文化的创建与运行;第四章　经营战略与战略执行文化;第五章　总部管理与项目管理文化;第六章　劳务管理与劳务保障文化;第七章　客户关系管理文化;第八章　经营风险与风险管理文化;第九章　建筑品牌与品牌文化;第十章　民营企业与家族文化;第十一章　跨文化与跨文化管理;第十二章　建筑企业形象与 CI 策划;第十三章　MI 企业理念识别系统策划;第十四章　BI 企业行为识别系统策划;第十五章　VI 企业视觉识别系统策划;第十六章　建筑企业 CI 导入效果测评。附录一　建筑企业文化案例选编;附录二　关于加强全国建设系统企业文化建设的指导意见;附录三　建筑企业标识设计。

建筑公司绩效管理

【内容简介】 公司绩效管理是现代公司管理中的重要内容,是激励理论、委托代理理论、产权理论等管理理论在公司管理中的具体应用,是公司战略管理、组织管理、财务管理、人力资源管理、运营管理等多方面工作的综合,是推动公司业绩增长,保障安全运营的有效措施。本书作者通过对现代工商管理理论的研究,结合跨国建筑公司工作实践,探索了在中国的建筑公司中建立科学、合理、高效的绩效管理体系的理论和方法。全书共 8 章,从绩效考核的基本理论、原则与方法,治理结构与公司绩效的关系,建筑公司绩效考核目标体系设计,绩效考核目标的制定、检查与调整,薪酬管理,绩效管理的组织等多个方面进行深入讨论。本书

不但研究了绩效管理的理论和方法,还介绍了国内外建筑公司在绩效管理方面的大量实例,对中国建筑公司的绩效管理具有一定的理论和实践指导意义。

【读者对象】 本书可作为公司董事长、总经理、财务总监、人力资源总监等高层管理人员,从事公司预算及业绩考核管理的业务人员,以及高等院校相关专业师生参考。

【目　　录】 第 1 章　引言;第 2 章　绩效考核的基本理论、原则与方法;第 3 章　治理结构与公司绩效;第 4 章　建筑公司绩效考核目标体系设计;第 5 章　建筑公司绩效考核目标制定、检查与调整;第 6 章　建筑公司薪酬管理;第 7 章　建筑公司绩效管理的组织;第 8 章　结论。参考文献。

建设工程应急预案编制与范例

【内容简介】 主要讲述应急预案的基本概念、主要基本信息,应急预案的目的、意义、作用和功能,应急预案的技术基础,应急预案体系的设计等;技术方法篇,主要论述应急预案的编制方法和技术;应急预案的实施和演练等;实用范例篇,主要给出了政府层面、建筑企业层面、分部工程层面和建筑施工现场的事故应急范例,共计 39 个范例。书中最后还摘录了相关的国家法律法规,供读者参考。本书由我国知名安全专家主持编写,集权威性、系统性、实用性于一体。

【读者对象】 本书可供政府管理部门、建筑施工企业、工程项目部等各个层次的管理人员学习参考,也可作为相关岗位人员的培训教材。

【目　　录】 上篇　基础理论篇:1　建设工程事故应急预案基础;2　建设工程应急预案编制基础;3　事故应急救援理论。中篇　技术方法篇:4　建设工程应急预案的编制;5　建设工程应急预案的实施。下篇　实用范例篇:6　政府建设事故应急预案范例;7　建筑工程企业事故应急预案实例;8　建筑施工分部工程事故应急预案范例;9　建筑工程施工现场事故应急预案范例。附录。参考文献。

实用工程建设监理手册

【内容简介】 本手册以工程项目监理过程中涉及到的内容为主体进行编写。内容包括:监理大纲和监理规划的编制、工程项目监理机构的设置、监理人员岗位职责、工程建设各阶段监理工作的内容和程序、实施细则、工程项目监理档案资料的管理、计算机在工程项目监理中的应用、国外工程项目管理简介等。本手册以简明、实用、可操作性强。

【读者对象】 本书是监理工程师和监理人员常用的工具书,也可供建设单位和承包单位的工程项目管理人员参考使用。

【目　　录】 第一章　工程建设监理企业的管理;第二章　工程建设监理大纲;第三章　工程建设监理规划;第四章　工程建设监理机构;第五章　工程建设各阶段监理工作的程序和内容;第六章　工程建设监理实施细则;第七章　工程建设信息管理;第八章　工程建设监理资料的管理;第九章　国外工程项目管理;第十章　公路工程建设监理实例;第十一章　附录。

实用高层建筑施工手册

【内容简介】 本书主要介绍高层建筑施工技术。全书共28章。本书由有丰富施经验的高级工程师编写而成,技术内容先进、简明,实用性强。

【读者对象】 本书可供建筑施工企业工程技术人员使用,也可供大专院校相关专业师生参考。

【目　　录】 1　概述;2　施工准备;3　基坑土方开挖;4　深基坑支护;5　深基坑大面积降水;6　基坑土体加固;7　柱基施工;8　筏形、箱形基础施工;9　地下室逆作法施工;10　高层现浇混凝土结构通用施工;11　高层框架结构施工;12　高层大模板结构施工;13　高层滑模结构施工;14　高层筒体结构施工;15　高层装配式大板结构施工;16　高层升板结构施工;17　高层钢结构施工;18　高层建筑施工脚手架;19　垂直运输、起重及混凝土输送机具设备;20　围护外墙工程施工;21　防水工程施工;22　地面工程施工;23　装饰装修工程施工;24　门窗工程施工;25　吊顶工程施工;26　隔墙工程施工;27　幕墙工程;28　施工测量。主要参考文献。

建设部传达全国人大、全国政协会议精神

日前，建设部召开专门会议，传达十届全国人大五次会议和全国政协十届五次会议精神。建设部部长汪光焘在会议上强调，深入学习《政府工作报告》，扎实推进城乡建设各项工作。会上，全国人大常委、全国人大环境资源委员会副主任委员叶如棠，全国政协委员谭庆琏分别传达了十届全国人大五次会议和全国政协十届五次会议精神。

会上，汪光焘谈了他学习《政府工作报告》的四点体会：

一是实现经济又好又快发展必须对GDP有一个正确的理解和认识。温家宝总理在《政府工作报告》中提出今年GDP增长8%左右的目标，具有重要意义。GDP增长速度是一个预期性和指导性指标，是提出财政预算、就业、物价等宏观经济指标的重要依据。提出今年GDP增长8%左右的目标，综合考虑了需要和可能多种因素。更重要的是引导各方面认真落实科学发展观，把工作重点放到优化结构、提高效益、节能降耗和污染减排上来，防止片面追求和盲目攀比增长速度，实现经济又好又快发展。这次明确提出GDP的增长是预期性和指导性的指标，目的就是为了经济又好又快发展。

二是《政府工作报告》十分重视民生和和谐问题。提出了从财政投入安排入手解决群众关心的各项问题，同时提出了关系社会和谐的热点问题，包括医疗卫生、教育、住房等。

三是诚恳地对待存在的问题，并如实向人大汇报。这次《政府工作报告》在讲成绩的同时，也提出了经济发展存在的四点问题，如节能降耗指标没有完成，如实向人大汇报并提出对策和措施，这就是认真务实的表现。

四是加强政府自身改革和建设的问题。汪光焘说，《政府工作报告》强调，加强政府自身改革和建设，必须坚持以人为本、执政为民，把实现好、维护好、发展好最广大人民的根本利益作为出发点和落脚点；必须坚持从国情出发，实现党的领导、人民当家作主和依法治国的有机统一；必须坚持不断完善社会主义市场经济体制，促进经济社会全面协调可持续发展；必须坚持创新政府管理制度和方式，提高政府工作的透明度和人民群众的参与度。我们的目标是建设一个行为规范、公正透明、勤政高效、清正廉洁的政府，建设一个人民群众满意的政府。同时，《政府工作报告》还提出，现在，不少地方、部门和单位讲排场、比阔气，花钱大手大脚，奢侈之风盛行，群众反映强烈。这种不良风气必须坚决制止。我认为，这次的《政府工作报告》对政府工作的改革与建设的目标、准则都非常明确，对国家机关提出了非常具体的要求。

汪光焘强调，这次"两会"涉及建设部的工作较多，履行好建设部的职责，要以学习好中央的一系列指示精神，学习好十届全国人大五次会议及全国政协十届五次会议精神为基础，希望各司局认真学习"两会"精神，把工作做好。

汪光焘就认真学习《政府工作报告》及"两会"精神提出了要求：

——认真落实建设部职责范围内各项任务。首先，必须抓好住房问题，促进房地产业持续健康发展。汪光焘说，要认真学习、深刻领会温家宝总理《政府工作报告》中对住房和房地产的专项论述。要根据我国国情和现阶段经济发展水平，培育具有中国特色的住房建设和消费模式；重点发展面向广大群众的普通商品住房，建立健全廉租住房制度，改进和规范经济适用住房制度；保持房地产投资合理规模，优化商品房供应结构，加强房价监管和调控；深入整顿和规范房地产市场秩序，强化房地产市场监管。其次，做好节能降耗减排等地工作。要完善并严格执行能耗和环保标准，健全节能环保政策体系，加快节能环保技术进步；要认真落实环保目标责任制，加大污染治理和环境保护力度；坚持优先发展城市公共交通；加快供热体制改革；坚决控制建设占地规模，特别要控制城市建设规模。三是要抓好群众利益保护工作。坚决纠正房屋拆迁、环境保护中损害群众利益

的行为,进一步加强信访工作,维护社会稳定。

——抓好机关自身改革和建设。一方面要抓好思想作风建设,另一方面要进一步转变政府职能。

——认真学好《物权法》。汪光焘指出,《物权法》关系重大,与建设部的工作有密切关系。学好《物权法》,领会其精神,对于今后做好建设领域的工作十分重要。

——办好议案、提案的工作。近两年来,政协的第一号提案都是住房问题。我们要把议案、提案的办理工作作为接受人大依法监督,接受政协民主监督的一项重要工作认真对待。我们要真正研究议案、提案的内涵,真正把议案、提案的办理作为改进我们工作的重要环节来抓好。

建设部日前发出关于印发《施工总承包企业特级资质标准》的通知

建市[2007]72号

施工总承包企业特级资质标准

申请特级资质,必须具备以下条件:

一、企业资信能力

1、企业注册资本金 3 亿元以上。

2、企业净资产 3.6 亿元以上。

3、企业近三年上缴建筑业营业税均在 5000 万元以上。

4、企业银行授信额度近三年均在 5 亿元以上。

二、企业主要管理人员和专业技术人员要求

1、企业经理具有 10 年以上从事工程管理工作经历。

2、技术负责人具有 15 年以上从事工程技术管理工作经历,且具有工程序列高级职称及一级注册建造师或注册工程师执业资格;主持完成过两项及以上施工总承包一级资质要求的代表工程的技术工作或甲级设计资质要求的代表工程或合同额 2 亿元以上的工程总承包项目。

3、财务负责人具有高级会计师职称及注册会计师资格。

4、企业具有注册一级建造师(一级项目经理)50人以上。

5、企业具有本类别相关的行业工程设计甲级资质标准要求的专业技术人员。

三、科技进步水平

1、企业具有省部级(或相当于省部级水平)及以上的企业技术中心。

2、企业近三年科技活动经费支出平均达到营业额的 0.5%以上。

3、企业具有国家级工法 3 项以上;近五年具有与工程建设相关的,能够推动企业技术进步的专利 3 项以上,累计有效专利 8 项以上,其中至少有一项发明专利。

4、企业近十年获得过国家级科技进步奖项或主编过工程建设国家或行业标准。

5、企业已建立内部局域网或管理信息平台,实现了内部办公、信息发布、数据交换的网络化;已建立并开通了企业外部网站;使用了综合项目管理信息系统和人事管理系统、工程设计相关软件,实现了档案管理和设计文档管理。

承包范围

1、取得施工总承包特级资质的企业可承担本类别各等级工程施工总承包、设计及开展工程总承包和项目管理业务;

2、取得房屋建筑、公路、铁路、市政公用、港口与航道、水利水电等专业中任意 1 项施工总承包特级资质和其中 2 项施工总承包一级资质,即可承接上述各专业工程的施工总承包、工程总承包和项目管理业务,及开展相应设计主导专业人员齐备的施工图设计业务。

3、取得房屋建筑、矿山、冶炼、石油化工、电力等专业中任意 1 项施工总承包特级资质和其中 2 项施工总承包一级资质,即可承接上述各专业工程的施工总承包、工程总承包和项目管理业务,及开展相应设计主导专业人员齐备的施工图设计业务。

4、特级资质的企业,限承担施工单项合同额3000 万元以上的房屋建筑工程。

文件对房屋建筑工程、公路工程、铁路工程、港口与航道工程、水利水电工程、电力工程、矿山工程、冶炼工程、石油化工工程、市政公用工程的代表工程业绩分别做出了规定。

建设部建筑市场管理司2007年工作要点

2007年，建筑市场监管工作按照全国建设工作会议确定的工作思路和工作任务，以转变职能和提高行政效能为核心，坚持依法行政，创新加强社会管理和公共服务的体制机制，积极转变工作作风，狠抓工作落实。努力实现建筑市场监管工作的"三个协调"：落实完善清欠长效机制与加强建筑市场运行监管相协调；推进建筑市场诚信体系建设与规范建筑市场准入相协调；积极推动企业"走出去"和进一步提高建筑业对外开放水平相协调。全面完成今年建设工作确定的各项工作。

一、巩固三年清理拖欠工程款和农民工工资成果，落实完善清欠长效机制

1.认真落实执行国务院召开的全国清理拖欠工程款电视电话会议精神，贯彻落实国务院批转有关部门共同制定的《关于规范建设领域工程款和农民工工资支付的若干意见》。按照《2007年建设领域清理拖欠工程款工作要点》，抓好工程建设各环节监管，全面完成旧欠收尾工作，预防新的拖欠。

2.根据国家统计局批准建立的建设领域工程款支付情况统计制度，加强统计分析，监督新产生的拖欠的及时解决和监控。

3.总结清欠成果，研究规范市场秩序，加强建筑市场监管，促进建筑业健康发展的有关意见或规定，进一步从体制、机制上解决拖欠原因，规范建筑市场秩序。

二、积极推进建筑市场诚信体系建设

4.贯彻落实《建筑市场诚信行为信息管理办法》，加快推进长三角和环渤海两大区域建筑市场信用体系试点，及时总结经验，推动省会城市、计划单列市和部分基础较好地级城市，建立和完善建筑市场综合监管平台，首先将质量安全事故处罚和拖欠工程款和农民工工资行为上网，争取年底各省市普遍推开。积极促进全国诚信信息平台的建设，尽快营造诚实守信、公平竞争的市场环境。

5.各地建设行政主管部门要及时采集建筑市场主体违反各类行政法律规定强制义务的行政处罚记录以及其他不良失信行为记录，充分利用信息网络资源，逐步实现建筑市场诚信信息的互通、互用和互认，及时向社会披露建筑市场各方主体诚信情况。加强建筑市场信用体系建设交流，适时组织召开专题研讨会。

三、坚持依法行政，进一步规范市场准入

6.贯彻落实勘察设计企业、建筑业企业、招投标代理机构以及工程监理企业资质管理规定，修订完善相关资质标准，组织召开企业资质管理规定和标准宣贯会；

7.进一步转变资质管理方式，逐步实现工程勘察设计、施工、监理、招标代理等各类企业资质网上申报，计算机辅助资质审查；整合企业资质管理信息系统，提高行政审批的效率和水平，做到随时受理、随时审查；

8.加强层级监督，规范行政许可。认真清理超越法定职权做出的行政许可决定事项，对不符合规定的行政许可决定，予以撤销，并按法定程序重新审查核准；明确初审内容指标，落实审查责任，减少重复审查，提高行政许可的公开透明和行政许可效率；

9.严格企业资质许可、个人执业资格注册行为的监管，对其中弄虚作假、伪造证书、骗取证书等行为要坚决予以处罚，加大对违规企业社会监督，坚决遏制弄虚作假现象的蔓延；

10.严格工程建设中法定建设程序，强化工程开工前施工许可环节监管，严把资金到位关，防止新欠工程款，坚决杜绝不合格的项目进入建设市场；严格合同履约过程监管，强化市场和现场"两场"联动管理，及时发现并严肃查处转包、挂靠和违法分包等问题，对于中标后随意更换项目经理(建造师)、任意进行合同变更、不合理地增加合同价款、拖延支付工程款、拖延竣工结算等违法、违规和违约行为，有针对性开展专项整治工作。

四、完善个人注册执业制度建设，推进工程项目管理工作

11.贯彻落实《注册建造师管理规定》，制定出台

《一级建造师注册管理办法》《注册建造师执业工程规模标准》、《注册建造师执业管理办法》、《注册建造师继续教育管理办法》等配套文件。组织开展建造师执业制度调研，为建造师制度建设提供实践依据。抓紧建造师考试题库的建设，深入研究项目经理管理制度向建造师注册执业制度过渡中有关问题的政策。

12. 加强对工程监理人员从业管理，组织制定《关于加强工程监理人员从业管理规定》，修订《监理工程师考试办法》。继续健全注册监理工程师注册数据库，完善注册监理工程师注册执业制度。

13. 修订《注册建筑师条例实施细则》，研究注册工程师注册管理工作规程，做好注册道路、材料、海洋工程师执业资格制度启动的有关工作，制定岩土工程师执业管理办法。

14. 贯彻落实《国务院关于加快发展服务业的若干意见》，推进我国工程项目管理工作的发展。协调出台《建设工程监理收费管理规定》研究修订《建设工程项目管理管理办法》，组织制定《工程项目管理服务合同》范本，召开"推进工程项目管理工作发展座谈会"。

五、继续发挥有形建筑市场作用，规范工程招投标活动

15. 继续完善招标投标制度。研究出台《房屋建筑和市政基础设施工程资格审查办法》，探索研究经评审的合理低价中标的评标办法，针对勘察、设计和监理的特点，制定相应的招标投标管理办法，通过招标和方案比选，优化设计方案，提高勘察、设计和监理的服务水平，促进工程建设水平提高。

16. 加强招标投标的监督管理。重点加强对国有资金投资的工程项目中招标人、招标代理机构和评标委员会监管，明确招标投标中建设单位和评标专家的责任。

17. 严肃查处招标投标活动中违法违规行为。按照国家七部委颁发的《工程建设项目招标投标活动投诉处理办法》的要求，进一步完善投标投诉受理、处理制度，制定投诉处理的实施细则，完善招标投标投诉复议制度，建立典型案例分析制度，及时受理和妥善处理投诉，查处投诉处理中发现的违法违规行为；对于招投标中围标、串标等违法违规行为，招标

代理机构虚假代理、串通招投标、高价出售招标文件赚取非法利润等违法违规行为要采取措施，要加大监管力度，坚决打击。

18. 充分发挥建设工程交易中心的服务作用，积极拓展服务范围、服务内容和服务领域，在有形建筑市场现有信息网络平台基础上，继续加强计算机管理系统和相关网络建设，健全和充实相关数据库，使其逐步为建筑市场监督管理信息系统和信用体系建设提供信息网络平台，为建筑市场参与各方提供真实、准确、便捷的信息服务；进一步发挥交易服务功能，及时发布工程量清单单价信息，实施工程担保资金或者保函集中保管，实现多功能的服务平台。起草《建设工程交易中心管理办法》，规范管理行为。

六、大力推行工程担保制度

19. 贯彻落实《关于在工程建设项目中进一步推行工程担保制度的若干意见》，深入研究相关法律问题，完善担保管理规定，促进工程担保法规建设；研究制定办法，明确进入工程担保市场的条件，根据担保机构的实力，对担保工程规模进行划分限制，控制风险，与相关管理部门加强沟通协调，进一步加强监管工作；

积极推进担保试点工作，及时总结经验，并提出进一步推进和规范担保的措施，组织召开推进工程担保研讨会。

七、进一步加强法制建设，提高建筑业对外开放水平

20. 认真做好《建筑法》的修订完善工作，确立建筑活动中最根本的法律制度，切实解决现行建筑法适用范围过窄、监管体制不顺等问题，明确建筑市场各方行为主体的权利义务和法律责任；

21. 认真履行入世承诺，进一步提高建筑业对外开放水平。认真做好WTO诸边贸易谈判和有关自贸区谈判；继续做好内地与香港更紧密经贸关系有关文件落实，研究与香港互认人员的注册办法；做好我国勘察市场对外开放政策建议的研究论证工作；深入研究中国加入WTO五年以来建筑业对外开放发展的实际状况，有步骤、有目标地提出建筑业对外开放的发展策略；努力做好GPA（政府采购协议）谈判前的各项准备工作，研究提出建设工程领域政府采购对外出价清单，切实维护建筑行业发展利益。

"全国建筑业诚信企业评价会议"在京召开

日前,"全国建筑业诚信企业评价会议"在京召开。建设部有关业务主管司、中国建筑业协会、各有关分会及各省市建筑行业协会的代表参加了会议。会上首先由中建协秘书处汇报了全国建筑业诚信评价工作的开展情况。

与会代表,就企业诚信评价工作以及进一步加强建筑业信用体系建立等工作展开了热烈的讨论。并对各地协会申报102家企业进行认真的评议,最终通过建设系统不良行为信息平台及安全质量快报系统排查,北京住宅公司等九十五家企业被列为2006年度首批建筑业诚信企业。会议结束时,中国建筑业协会秘书长张鲁风作了总结讲话,他指出:诚信体系的建立是开展行业自律的一个前提,也是提高整体行业素质的重要手段。为体现会议对于建立全国建筑业诚信企业评价体系的严谨、认真的态度,中国建筑业协会将对本次会议各省市代表提出的意见进行汇总并报送建设部相关部门征求意见。

据建设部权威人士透露,建筑业企业诚信工作将以"抓信息平台建设为重点",要求指导思想贯彻"三步走"策略:一是制定评价办法的文件、颁布标准,二是评价工作要由行业协会具体执行,三是提出市场化专业评价的要求。

建设部发布"关于征求《注册建造师施工管理签章文件目录》意见的函"

为了规范注册建造师执业签章行为,根据《注册建造师管理规定》(建设部令第153号),我们组织起草了《注册建造师施工管理签章文件目录》(征求意见稿)。《目录》规定了注册建造师担任房屋建筑工程、公路工程等14个专业工程施工管理项目负责人的签字要求,列明了包括工程项目技术、质量和安全负责人等关键岗位注册建造师的签章范围。其中,"担任施工单位项目负责人的注册建造师签章"是强制性的,担任"其他关键岗位负责人的注册建造师签章"不作强制要求,建议工程项目设有专门技术负责人、质量负责人和安全负责人岗位的项目推荐使用,企业可根据实际情况自行确定。

《注册建造师施工管理签章文件目录》(征求意见稿)在中国建造师网:www.coc.gov.cn上刊载,可直接从网上下载。

中国房地产协会兼中国建筑学会会长宋春华强调:
五星级酒店建设要注意五大问题

"五星级酒店装饰工程国际高峰论坛"日前在深圳举行

由中国建筑装饰协会主办、深圳长城家俱装饰工程有限公司承办的"五星级酒店装饰工程国际高峰论坛",于日前在深圳华侨城洲际大酒店举行。

建设部原副部长、中国房地产协会兼中国建筑学会会长宋春华出席会议并作了重要讲话。出席会议的还有建设部工程质量安全监督与行业发展司助理巡视员王树平;深圳市原市委书记李灏;中国建筑装饰协会名誉会长张恩树;中国建筑装饰协会会长马挺贵;中国旅游饭店协会副秘书长蒋齐康、国家发改委宏观经济研究院原副院长兼经济体制与管理研究所所长刘福垣、中国建筑装饰协会常务副会长徐朋、深圳长城家俱装饰工程有限公司董事长张朝煊等有关方面负责人以及来自全国各地的国内外设计大师、知名酒店高管、相关企业领导共计500余人。

笔者了解到,此次"五星级酒店装饰工程国际高峰论坛"在业界尚属首次,旨在提高中国建筑装饰企业的国际高端工程市场竞争力。通过研讨五星级酒店装饰工程的发展趋势、高端工程市场的国际运作模式以及主题式五星级酒店装饰工程设计、施工组织、材料供应等特点,给酒店业主、承包商、设计师等搭建沟通交流的平台。

论坛首先由中国建筑装饰协会马挺贵会长致开幕辞。马挺贵说,改革开放近三十年时间内,中国的五星级酒店由无到有,由少到多,目前已经拥有300多家的规模,在五星级酒店不断增长的同时,中国建筑装饰工程企业也在发展壮大,目前,五星级饭店的装饰装修工程已基本全部由中国国内施工企业完成。

但是,当前我们的五星级酒店设计和材料供应方面同国际先进水平有一定的差距,特别在主题式五星级酒店装饰装修设计方面,受到文化差异,审美情趣和艺术价值观不同的限制,很多的工程还要邀请国际的大师。在中国国内装饰市场竞争的情况下,五星级酒店未来的发展趋势是怎样的,如何提高中国建筑装饰装修企业在五星级酒店设计、施工选材及企业的竞争中,如何提高五星级酒店的工程质量等方面都是中国建筑装饰行业发展中需要认真解决的问题。

五星级酒店装饰工程国际高峰论坛专题就五星级酒店装饰工程建设进行讨论,邀请了国际著名的酒店设计大师演讲和献艺是一次非常难得的学习机会。希望通过本次论坛推动我国建筑装饰业,星级酒店装饰工程水平进一步提高。同时希望以本次论坛为平台,加强旅游饭店业、房地产业和建筑装饰业的沟通合作,共同推进我国经济的持续发展。

宋春华在讲话中强调,当前我国处于工业化、城镇化建设快速飞跃的时期。城镇化的加快要求城市完善服务功能,工业化的推进使我国经济保持快速的发展,为我们全面建设小康社会奠定了雄厚的物质基础。城市建设日新月异,综合国力快速增强,国际交往更加广泛,这中间有一个因子活跃在其中,就是五星级酒店。一个地区、城市有没有五星级饭店,有几座,有什么样的品牌,已经成为城市的服务能力、经济发达的程度、对外开放水平的重要标志之一。近二十年来,我国先后建起了300多家五星级酒店已经说明这个问题。作为一种商业性的地产,五星级酒店肯定还会有长足的发展。当然,这种发展应该是有市场的实际需求的发展,不能拔苗助长,更不能盲目追求脱离现实的超前和过量发展。

宋春华说,近年来,我国大型公共建筑,包括五星级酒店设计水平和施工质量以及管理能力都有了很大的提高,但也必须看到,还存在不少必须解决的问题。日前建设部就大型公共建筑的建设问题,提出了明确的指导意见,我想对五星级酒店都是适应的。作为一种高端的经营型建筑,五星级酒店对建筑的功能结构的安全,建筑文化和艺术品味的要求相对高一些。然而,无庸讳言,抛开酒店的管理和服务部到位的软件问题不谈,就其建筑和设施的硬件来说,仍然存在不少的问题和缺憾,需要我们认真加以总结,吸取经验,积极探索在新形势下,如何坚持创新,不断提高五星级酒店的建设和设计水平。我认为当前特别要解决的有以下几个问题。

一就是作为高级酒店,如何更好的体现以人为本,功能关系,空间布局,交通组织和环境营建中如何为客人提供周全、方便优质的服务。我们现在有些酒店的平面是有问题的,像迷宫一样,进去后,谁也找不到,而且有些线路的组织很不顺畅,没有体现以人为本的基本理念。

二是作为高档酒店,如何在解决基本功能,提供周全、方便、安全、优质服务的同时,创造高层次的文化品格和艺术水准问题,不能追求珠光宝气,视觉的冲击会造成审美疲劳。豪华装修并不能代表品味就高。

三是在大量应用新材料、新设备的同时,如何使五星级酒店更有鲜明的个性和地域特色,特别是品牌酒店如何尊重所在地的文化传统,展现不同地域和民族的文化多样性。

四是作为高级酒店在追求高舒适度的同时,必须注意解决对资源过渡的消耗和浪费问题。目前应该是一个必须注意抓紧解决的紧迫问题。

五是在室内设计和装饰风格的把握上,如何走出烦琐、杂乱、堆砌、复制的误区,更多的展示传承、原创、理性和简约之美。我主张要更加的简约,不要烦琐的堆砌。

笔者获悉,该论坛由全国五星级酒店装饰龙头企业——深圳长城家俱装饰工程有限公司独家承办。创立于1986年的深圳长城装饰公司一直致力于以五星级酒店为代表的高端装饰工程的设计和施工；2001年，中国第一个主题五星级酒店——深圳威尼斯酒店由长城独家总包施工，开创了深圳市五星级酒店由一家公司总包装饰的先河，在全国产生了强烈的品牌效应。；2002年，承接8个五星级酒店装饰工程；2005年，承接13个五星级酒店装饰工程，再次刷新行业纪录，其中，深圳目前最高档次的三大超五星级酒店——华侨城洲际大酒店、大中华喜来登酒店、茵特拉根华侨城酒店，均由长城负责装饰施工；

2006年底-2007年初短短几个月，接连中标10个五星级酒店装饰工程。

长城装饰董事长张朝煊在接受记者采访时表示，独家承办此次论坛一切向着"三高"迈进，即高规格、高层次、高影响力，不仅邀集了国际国内著名酒店管理、酒店设计、地产开发业、建筑装饰业、旅游饭店业等业界专家和企业家，还涵盖整个产业链各层级，并有强大的专业媒体及社会媒体支持，致力于打造行业内高水平的知识讲堂和品牌传播平台，从而更好地整合整个产业链的资源，促进中国酒店装饰事业的更好更快发展。

建设部对建造师和项目经理"摸家底"

为掌握建筑业企业中已经取得《建造师执业资格证书》和持有《建筑施工企业项目经理资质证书》人员的基本情况，进一步做好建筑业企业项目经理资质管理制度向建造师执业资格制度平稳过渡的"转型"工作，建设部日前发出通知，将对全国建筑业企业中取得《建造师执业资格证书》和持有《建筑施工企业项目经理资质证书》人员的基本情况进行调查。

由建设部办公厅下发的这个通知强调，各地区、各部门要负责组织督促本地区、本部门的建筑业企业，做好取得《建造师执业资格证书》或持有《建筑施工企业项目经理资质证书》人员的"摸家底"工作，通过中国建造师网认真填写《建造师、项目经理基本情况调查表》，并由各企业对本单位人员填写情况进行核实。于2007年5月10日前进行网上报送。

本次调查除了建造师、项目经理的学历、专业、岗位、职称、职务、从事专业、企业资质等基本情况外，被列入调查范围的还有被调查人的从业经历和执业能力，以及近3年承担的大、中、小三类工程等级。

通知附件的填表说明要求："从事专业"是指填表人目前实际从事的专业工程类别。填表人应按《关于建造师资格考试相关科目专业类别调整有关问题的通知》（国人厅发[2006]213号）规定的专业类别填写；"企业主项资质情况"是指填表人所在企业所具有的建筑业企业主项资质的专业和等级；"企业主营资质情况"是指填表人所在企业在主项资质和增项资质中，营业额最大的专业和等级情况。

另外，取得《建造师执业资格证书》的填表人应填写"建造师执业资格证书情况"栏目，其中包含2006年度考试合格的取证人员。"专业"和"级别"分别是指《建造师执业资格证书》的专业类别和级别。一人具有多个专业类别或级别的，应逐一填写；"获取方式"是指《建造师执业资格证书》的获取方式，在"考核"和"考试"两种方式中选择其一。

通知还明确，取得《建筑施工企业项目经理资质证书》的填表人应填写"项目经理资质证书情况"栏目。其中，"证书等级"是指《建筑施工企业项目经理资质证书》中注明的资质等级。同时持有《建造师执业资格证书》和《建筑施工企业项目经理资质证书》的填表人，应分别填写"建造师执业资格证书情况"和"项目经理资质证书情况"栏目。

近3年担任过施工项目经理的填表人，应填写"从业经历"栏目，并在"大、中、小"三个规模标准中选择承担过的工程规模，三个选项可同时选择；近3年没担任过施工项目经理的填表人不填写本栏目。"执业能力"是指填表人根据自身实际情况，能够胜任何种规模的工程施工项目经理；"填表人所在企业意见"是指由填表人所在企业对填表人个人基本情况出具企业意见；"企业所在地建设主管部门审查意见"是指由填表人所在企业注册所在地县级及以上建设主管部门对填表人填表情况进行审查并出具审查意见；国务院有关部门管理的企业、国资委管理的企业，可由填表人所在企业的上级主管部门出具"企业所在地建设主管部门审查意见"。

"世界2007年会"在京举行

由英国经济学人集团主办的"世界2007年会"近日在北京举行,会议发布了《世界2007年鉴》,《年鉴》预测2007年全球增长平衡将会改变。

《年鉴》认为:进入2007年,经济增长的引擎运转不畅,步伐放缓,前路显得崎岖得多。

好在2007年发生经济崩溃的可能性不大。全球经济增长速度虽不像过去几年那样强劲,仍然好于20世纪90年代的任何一年。但是风险会更大,而且在某些主要市场,控制经济增长幅度将十分困难。

先说中国。2006年中国经济增长了10.7%;一般只有遭受战争或自然灾害肆虐的小国家在经历反弹时才有这样的增长率。表面上看,在中国这样一个贫困仍然广泛存在的国家,这样惊人的增长率毫无疑问是件好事,但也许会给将来埋下隐患。投资飙升,但是不清楚有多少是明智的商业行为。产能过剩非常普遍,每天都有新的工厂开工,许多产品的生产超过需求,从而打压了价格和利润。当公司挣扎着偿还贷款时,这一切最终造成坏账激增的风险。

政府对经济过热也是警觉的,但政策杠杆较粗糙,被证明在放缓经济增长速度方面效果不明显。目前精明的预测是2008年北京奥运会之后的2009年才会有急剧的经济放缓。据那样的估计,2007年的增长会再次接近10%。

世界最大经济体美国的情况有所不同。两年来稳步的利率上调终于唤醒了那些惯于花明天钱的美国人,2007年的消费会比前些年疲软得多。疲软如此严重,以致某些经济学家在预测经济放缓的时候会悄悄地跟他们的私人基金经理提到"经济衰退"这个词。到目前为止推动了美国消费繁荣的房价在某些城市正在下降,这样消费者申请第二份按揭,用房价上涨的收益购买商品和服务就困难了。更高的利率将抑制个人和公司的消费能力。

所有这些意味着大范围的经济放缓,而且情况很容易恶化。美国经济是否进入衰退期很大程度上取决于美联储和其主席贝南克的行动。贝南克将承受要求他大幅降低利率从而缓解较低增长影响的压力。但是,审慎的央行领袖将注意力放在通货膨胀而非增长上。由于价格信号飘红(上涨),美联储可能没有多少斡旋的空间。

日本经济将迎来又一个不错的年头,不过上升的利率意味着2006年出色的经济表现很难再现。欧元区看上去就没那么好,问题包括更高利率、德国销售税的上调、以及美国对欧洲出口的需求疲软。而新兴经济体将有不凡表现--东欧和前苏联;印度和新兴的亚洲其他地方;中东、拉美;甚至非洲都将有不错表现。根据我们的预测,合起来这些经济体2007年的增长将达到令人刮目相看的7.5%,抵消发达国家衰退的2.3%。

意外可能发生。日本和西欧的利率上调有可能使新兴市场的货币、股票及债权市场不稳定。借贷便宜,风险显得低,新兴市场股票和债券市场是富裕国家的避难所。要注意不稳定的信号。如果中国经济开始动摇,大宗原材料出口商也会摇摆。尽管所有这些风险,新兴市场将会保证世界经济还会有一年相当不错的增长。

专家:4月国内建筑钢材走势预测

近期国内建筑钢材市场价格在整体上基本平稳,近月末在华北、华东地区一些钢厂出台调价政策影响下,国内各地区市场价格涨跌各异,国内建材市场行情陷入迷乱状态,其中华北、东北、中南、西南市场价格出现回涨,华东价格小幅下跌,西北价格回落明显,从整体上看,国内线螺平均价格在春节过后形成的连续下跌在本周得到遏制,国内均价呈现小幅反弹,截至3月30日,全国11个主要城市的φ8mm高线平均价格为3324.55元/吨,较上周末价格回涨10元/吨;φ25mm二级螺纹平均价格为3300.91元/吨,回涨幅度约12元/吨。

一、影响国内建筑钢材价格走势的因素分析

1.央行加息对钢材市场的影响

日前,央行宣布自2007年3月18日起,金融机构一年期存款基准利率上调 0.27 个百分点。消息传来，在钢铁流通业引起较大的反响，钢材经营者认为央行再度加息，对螺纹钢、线材等长材产品的影响相对会大一些。

此次央行加息，金融机构一年期存款基准利率上调 0.27 个百分点，由现行的 2.52% 提高到 2.79%；一年期贷款基准利率上调 0.27 个百分点，由现行的 6.12% 提高到 6.39%；其他各档次存贷款基准利率也相应调整。业内人士认为，虽说这次央行加息的幅度不大，但其反映出央行决心收紧货币流动性的信号仍值得关注，且加息后钢铁贸易企业的融资成本将有所加大，将在一定程度上影响后期市场资金状况。其中建筑钢材市场的影响程度将较为明显。这是因为此次加息，作为建筑钢材需求较大的房地产业的影响确实不小。

一些经营者认为，加息对房地产业所产生的影响很大，使房地产开发的热情遇到打击，有的房地产开发商将资金投资股市或其它行业，波及到对建筑钢材的需求。

"今年以来，房地产业对建筑钢材的采购量明显减少，目前的螺纹钢、线材、圆钢等建筑用钢材，大都用于重大的市政建设工程，像地铁、轻轨、隧道、桥梁、体育场馆等。"一些经营者这样说：现在住宅建设工程来采购建筑钢材比以往确实要少得多了。目前上海市场的螺纹钢价格持续阴跌不止，普通 II 级螺纹钢（φ16mm~φ25mm）的市场报价只有 3120~3150 元/吨，实际成交价 3100~3130 元/吨，在全国处于较低价位，但房地产业采购的并不多，其需求量在逐渐萎缩，这与央行的多次加息以及相关调控政策的影响分不开的。

业内人士认为，央行加息对资金依赖于贷款的房地产中小开发商的影响程度更大，国家的宏观调控，是以行政手段制止贷款盲目扩大张，所在说在未来一段时间，一批中小型的房地产开发有可能退出房地产市场，由此使房地产业对建筑钢材需求强度继续减弱，这是必然的趋势。

2.钢材资源投放量明显增多

07 年 2 月国内钢筋盘条产量较 1 月减少 82.6 万吨，在此形势下，钢厂向各区域市场投放的资源量相应减少。

2 月份钢厂资源的营销模式没有发生大的转变，由于 2 月是冬储季节，分销渠道仍是钢厂资源最主要的消化手段，因此走分销渠道的资源量与 1 月基本持平。2 月份春节放假使得国内钢筋盘条需求降至谷底，因此在零售方面的销售量进一步降低。由于 2 月正值春运期间，国内运力较紧，北方资源南下受限，加之国内钢厂普遍采取减产措施，致使钢厂资源流向有所变化，西部和华东、华南等资源流入型地区的钢筋盘条到货明显减少，其中华东地区最为明显。东北市场受 2 月出口形势依然强劲以及南下困难两方面影响，资源投放量明显高于 1 月份。

二、4 月份国内建筑钢材市场走势预测

华北五钢价格制定完毕，4 月到京结算价格没有变化，在成交较好、资金压力不大的情况下，相信下周京、津市场经销商会不失时机的上拉价格，而北京市场对建筑钢材的需求也将因奥运场馆工程和市内城区各项改建工程要在今年普遍竣工而逐渐进入高峰阶段。

华东地区虽然本周价格走势欠佳，但主要是经销商受钢厂本月贴补政策的影响以及下旬的回款压力所致，其成交和市场需求情况仍然较好，因此，随着这部分被贴补资源的减少以及 4 月钢厂新价格的出台，预计后期华东市场价格走势将会全面转好。

另外，从产量方面看，2 月份国内钢筋盘条产量在 1 月份基础上继续下滑，2 月份国内钢筋产量为 653.3 万吨，环比下降 8.5%；盘条二月产量为 576.49 万吨，环比下降 7.1%。因此，2 月份出口形势保持良好在一定程度上缓解了国内市场资源的销售压力，国内钢筋盘条价格走势从进出口数据的影响来看是较为乐观。

不利因素也有 2 个方面。首先，普碳钢坯在目前 2950~2970 元的价位表现乏力，下游用户在此价位采购缺乏信心。再有，板卷市场后期走势令业内商家有所担忧，如果价格转跌，建筑钢材行情有可能受此影响。但综合上述各项因素来看，4 月初国内线螺价格应呈涨势。

"第三届国际智能、绿色建筑与建筑节能大会暨新技术与产品博览会"在京召开

为贯彻落实党中央国务院关于"着力加强资源节约和环境保护工作"的要求,建设资源节约型和环境友好型社会,加快构建社会主义和谐社会,在建设领域全面落实科学发展观,大力推进智能、绿色建筑与建筑节能工作,中华人民共和国建设部、科技部、国家发展改革委、国家环境保护总局在前两届成功举办智能、绿色建筑与建筑节能大会的基础上,共同举办的"第三届国际智能、绿色建筑与建筑节能大会暨新技术与产品博览会"于 2007 年 3 月 26 日至 28 日在北京国际会议中心召开。

本届大会的主题是"推广绿色建筑-从建材、结构到评估标准的整体创新",分为研讨和展览两部分。研讨会将围绕绿色建筑设计、建筑节能、绿色建材、供热体制改革、住宅房地产业健康发展等重大问题,广泛交流、深入探讨,为促进建设领域能源资源的可持续利用和环境保护建言献策。研讨会共安排了 1 个综合论坛和 8 个分论坛。展览会展示了国内外智能建筑、绿色建筑、建筑节能和绿色建材的最新技术与应用成果。

国务院副总理曾培炎为大会发来贺信,强调要完善政策法规,推行绿色标准和节能改造,降低建筑能耗,努力实现建筑业可持续发展。

曾培炎指出,发展节能、绿色和智能建筑,是国际建筑领域的大趋势。中国作为人口最多的发展中国家,在城镇化、工业化进程中,加快推广现代建筑技术,对于促进可持续发展、改善人居环境十分重要和紧迫。曾培炎说,中国将借鉴国外先进建筑技术和管理经验,探索符合国情的建筑业发展道路。新建建筑要加快推行绿色建筑标准,既有建筑要积极推进节能改造。鼓励绿色建筑技术、材料和设备的研发,广泛利用智能技术完善建筑功能、降低建筑能耗。完善相关法律法规体系,实行有利于促进建筑节能的政策措施。希望通过研讨会和博览会,加强中国与世界各国建筑界的交流和合作,集思广益、群策群力,共同推动建筑业实现可持续发展。

巴拿马政府提议52.5亿美元的运河扩建计划

4 月 24 日,巴拿马政府提议应当进行巴拿马运河扩建工程。如果今年 11 月–12 月举行的全民公决同意授权扩建工程的话,巴拿马政府提议修建新的第三套水闸和新的航道,而不是扩大现有的水闸。

巴拿马政府提议的扩建计划如下:

扩建工程从 2007 年开始,需时 7~8 年,2014 年建成,第三套水闸将于 2015 年开始运行。预计成本 52.5 亿美元,包括意外应急费用和修建期间平均 2%的通货膨胀因素。

新水闸 427 米长、55 米宽、18.3 米深。

可通行的最大船舶:船长 366 米长、船宽 49 米、通行时吃水 15 米或者最大 17 万载重吨的好望角型船或 12,000 标准箱的集装箱船。

在修建第三套水闸的计划中,一个综合水闸将定位于太平洋一边现有的 Miraflores 水闸西南,另一个综合水闸将建于加通水闸东面。2 个综合水闸都位于巴拿马运河管理局辖区范围内。每个水闸各有 3 层,跟现有的加通水闸的结构类似。沿着新水闸将修建环境良好的节水池,在每次通行时,新水闸将重复使用 60%的水。

预计巴拿马运河扩建工程完成后,通航量将大幅增长。估计最可能的模式是通航量将从 2005 财年的 2.8 亿总体测量吨(PC/UMS)上升至 2025 财年的近 5.1 亿总体测量吨,增幅 82%。低调模式是至 2025 财年通航量将达 4.8 亿总体测量吨,增幅 72%;而高调模式是至 2025 财年通航量将达 5.85 亿总体测量吨,增幅 110%。

该工程的启动标志着中美洲国家的建设高潮即将到来。包括港口、道路、高楼、甚至铁路的建设。这必将给当地及国际企业提供更多的机会和诡计多端的挑战。同时,这一即将开始的建设高潮也使这些国家面临着资金及劳动力方面的问题。

※ 考试信息 ※

2006年度
一级建造师资格考试合格标准

科目名称		试卷满分	合格标准
建设工程经济		100	60
建设工程法规及相关知识		130	78
建设工程项目管理		130	78
专业工程管理与实务	房屋建筑	均为160	均为96
	公路		
	铁路		
	民航机场		
	港口与航道		
	水利水电		
	电力		
	矿山		
	冶炼		
	石油化工		
	市政公用		
	通信与广电		
	机电安装		
	装饰装修		

关于2007年度全国二级建造师执业资格考试时间安排的通知

建办市函[2007]181号

根据有关地区的要求,为切实做好2007年度二级建造师执业资格考试工作,经研究决定,2007年度选用二级建造师统一试卷和评分标准的地区,考试时间统一定于2007年10月27日、28日举行。请各地认真做好考试前的各项准备工作,保证考试顺利进行。

具体考试时间安排如下:

2007年10月27日

上午:9:00–12:00 建设工程施工管理

下午:15:00–17:00 建设工程法规及相关知识

2007年10月28日

上午:9:00–12:00 专业工程管理与实务

※ 各地资讯 ※

北京:王府井地区改造规划启动

王府井地区新的整体改造规划已经启动,包括将于8月亮相的王府井时尚广场、已经封顶的澳门中心及银泰百货,预计2008年前后,王府井地区还将新增8大商业中心。王府井地区的面积将从目前的150万平方米扩大到300万平方米左右,届时商业面积将达到50万平方米左右。

商业面积再扩10万平方米

据悉,目前王府井地区的总体建筑面积为150万平方米,其中商业面积为40万平方米。2008年前,王府井地区的总体建筑面积将扩大20万平方米,达到170万平方米。

其中,有望首批亮相的新商场包括:位于王府井百货大楼西侧,有望于8月亮相的王府井时尚广场;新东安广场对面,正在施工建设中的银泰乐天百货;新东安广场东侧的澳门中心目前已经封顶。

第二批亮相的商业集群则包括,位于教堂对面的海港大厦以及坐落于金鱼胡同的王府井国际商场,预计主体将在2008年前亮相。

除了这些项目外,王府井地区还有包括位于王府井百货大楼南侧的国际品牌中心和世都百货北侧的大龙西部会馆等项目,目前正在筹备拆迁中。而原女子百货及其西侧的北京饭店二期北京宫也正在开工建设中。

在这些项目全部建成后,王府井地区建筑总量将达300万平方米,其中商业面积将达到50万平方米左右。

上海:启动58个重大工程建设项目

日前召开的2007年上海推进重大工程建设工作会议上传出信息,上海今年计划启动58个重大工程建设项目,投资将达692亿元。同时,围绕世博会筹备的一系列建设项目也将全面启动。

据了解,上海市年内将确保16个项目开工,13个项目建成,并力争启动21个预备项目。基础设施建设将是今年重大工程建设的"重中之重",围绕2010年世博会的举办,包括公共活动中心、中国馆、演艺中心等在内的8项世博会场馆建设项目将全面启动。同时,该市的轨道交通将实现前所未有的双

"100"建设目标,即在建结构施工车站超过100个,盾构掘进里程达到100公里;6号线、8号线、9号线一期3条轨道交通线路将基本建成并投入试运行。新建路、人民路越江通道工程等新开工项目将按期开工,罗泾港二期、残疾人综合设施暨特奥训练基地等项目按期建成。

上海今年还将加快推进环保三年行动计划项目,确保苏州河综合整治三期工程、青草沙原水工程等新开工项目按期开工,并继续推进合流污水三期工程、加大郊区污水管网建设力度。

厦门:掀起工程质量安全"监管风暴"

2007年是加快建设海峡西岸重要中心城市、推进厦门新一轮跨越式发展的关键之年。按计划,今年该市将安排市重点建设项目126个,总投资约1721亿元,比2006年有大幅度增长。日前召开的厦门市建设工程质量安全工作会议明确,今年该市以落实建设各方主体责任为前提,以创新工程质量安全管理机制为重点,以强化监管为保障,全面开展质量安全年活动。

给责任主体戴上"紧箍咒"。建设单位在整个工程建设活动中居于主导地位,必须落实其工程质量、安全生产的法定职责与义务,切实有效地减少质量安全事故的发生。

工程勘察、设计文件的质量直接关系到建设项目的质量。因此,设计单位出具的勘察、设计文件在确保工程质量的同时,应当满足工程建设安全生产的需要,对涉及施工安全的重点部位和环节应当在设计文件中注明,并向施工单位交底,对设计方案负质量安全责任。今后,凡重点、重要项目,要求设计单位必须派驻现场设计代表。

施工单位处于工地最前沿,是质量安全生产的"第一关"。因此,在明确施工单位负直接责任的基础上,进一步明确施工单位主要领导是质量安全生产第一责任人,双管齐下促使施工单位不得不加强质量安全生产管理,履行投标文件中的各项承诺,一改"以包代管"的行为,自主自动地把质量安全生产措施落实到施工过程的每一个环节。

监理好比"监考老师",一旦监理不到位,将会埋下质量安全隐患。厦门市今年将把贯彻落实建设部《关于落实建设工程安全生产监理责任的若干意见》作为质量安全管理工作的重点之一,对建设工程安全监理的主要工作内容、工作程序、监理责任等作出详细规定。

工程质量检测行为是否规范,直接影响到工程的质量。今年厦门市将进一步狠抓工程质量检测,出台包括工程质量检测信息管理系统等新举措,进一步严格规范工程质量检测行为,促进工程质量检测市场和检测行业的健康发展。

质量安全全过程监管。全力保重点项目,优先保民生项目。成立社会保障性住房工程监督管理组,通过加强项目巡查力度,定期进行质量安全专项检查,确保社会保障性住房项目的工程质量和施工安全。完善建筑市场与施工现场联动监管机制。发挥市场和现场的监管合力,把工程参建各方的质量安全行为监管摆到与实体监管同等重要的位置来抓,特别是加大对施工、监理企业的质量安全行为的监督检查力度,对项目经理、项目总监等管理人员缺位、以包代管以及不能履行质量安全控制职责的行为予以通报,并记入不良行为信用档案直至依法给予行政处罚。

建立全过程的质量安全监管机制。注重设计环节和施工环节的统筹监管,注重招投标管理、施工图审查、施工许可、安全生产许可和工程监理等环节对工程质量安全监管的作用,通过建立并实施全过程各环节的质量安全监管工作机制,不断提高监管效率。

完善工程建设各方主体差异化监管机制。依托质量安全诚信评价体系,对企业按红、黄、绿分类实行差异化监管。实施履约担保额差异化制度,集中监管资源对质量安全信誉差、质量安全保证能力弱的企业和中标价偏低的项目进行重点监管,增加检查频率、深度、广度;对质量安全信誉好、质量安全保证能力强的企业进入绿色通道,质量安全以自控为主,监督检查力度按照最低标准执行;对质量安全信誉及保证能力一般的企业按常规标准监管。

死守质量安全"保底线"。今年,厦门市建设工程质量安全领域将展开风暴式监管行动,严格实施对一些安全生产条件不合格的建筑施工企业暂扣其安全生产许可证的制度。在继续加大预防高处坠落事故力度的同时，将预防"两超一大"及施工坍塌事故作为整治的重点，双管齐下，共同发力，力克造成建筑施工多发、易发事故的"两大顽疾"（高处坠落、施工坍塌）。从对事故发生原因、事故发生过程、事故预防措施等方面入手，探索建立质量安全专项整治的长效机制。大力整治淘汰限制使用建筑施工竹脚手架、井字架、人工挖孔桩等落后施工设备和工艺，大力推广"四新"技术，引导施工企业积极提高施工生产技术和工艺水平，促进建筑施工生产力的发展。

开展"大牌子、小队伍"专项治理工作。针对外地

入厦施工、监理企业存在"大牌子、小队伍"现象，管理人员不到位或不能认真履行质量安全管理职责、以包代管等突出问题，开展专项治理工作，确保施工、监理企业工程质量和安全生产责任落实到位。这项工作将在4月15日前完成。

深入开展"文明工地"创建工作。巩固厦门市2006年创建成果的同时，2007年将深入开展"文明工地"创建工作。今年市建设与管理局将开展施工、监理，对各方主体质量、安全、文明施工行为点评，点评结果在厦门日报公布。

天津：今年5月起农民工进津后将持双卡务工

日前从2007年天津市建筑业和建筑市场管理工作会议上获悉，今年本市将通过对施工现场实行封闭管理，建立农民工打卡记工制度等措施对建筑业农民工进行身份管理。加上目前本市建筑业农民工手中持有的工资卡，今后，农民工进津后将持双卡务工。

按照计划，今年5月起本市建筑业农民工出入施工现场必须要打卡记工，也就是说，今后所有施工现场的项目部将为每一位进场农民工发放身份管理卡，并在各施工现场配备打卡机。据介绍，农民工身份管理卡不仅是出入施工现场的凭证，更重要

的是，它将成为农民工记工时、发放工资的重要依据。据悉，打卡记工制启动后，本市各施工现场将按每200人一台的最低标准配置打卡机。这项制度正式实施后，各施工现场项目部还将定期对农民工出勤和工资发放情况进行公示。另从会上获悉，本市年内将建设50到100个达标工地，对开展劳务管理标准化工地创建活动的赠送电视机、多功能电话机及各类图书、文体用品。今年，本市还将培训农民工5万人，年内农民工持证上岗率要达到50%，对于持证上岗率达不到标准的企业将限制市场准入。

安徽：蚌埠七项措施维护农民工合法权益

日前，安徽省蚌埠市政府发布《关于进一步做好农民工工作的通知》，就切实维护农民工合法权益提出七项措施。

严格执行劳动合同制度。规定用人单位招用农民工必须严格执行劳动合同制度，依法签订劳动合同，并在签订劳动合同后30日内到劳动保障部门办理用工登记手续。

合理确定和提高农民工工资水平，防止拖欠工资行为的发生。各用人单位应根据同工同酬的法律规定，按照本单位同工种（岗位）同技能职工工资水平确定农民工的工资标准。严格规范用人单位工资支付行为，确保农民工工资按时足额发放给本人，做到工资发放月清月结或按劳动合同约定执行。

妥善处理农民工劳动争议案件。对用人单位与农民工发生的劳动争议，各行业性、区域性劳动争议

调解组织要及时调解；对农民工申诉的劳动争议案件，劳动争议仲裁机构要依法及时进行处理，对生活困难的农民工，酌情减免应由其承担的仲裁费。

进一步加大劳动保障监察执法力度。重点检查劳动密集型和使用农民工较多的单位落实劳动合同、工资支付、社会保险等有关情况，对侵害农民工合法权益的违法案件，要依法从快从严查处。

发挥群团组织依法维护农民工权益的作用。各级工会组织要依法加强对用人单位履行法律规定义务的监督，完善群众性劳动保护监督检查制度，加强对安全生产的群众监督。充分发挥共青团、妇联组织的作用，在农民工培训、女职工保护等方面采取更多切实可行的措施。

建立农民工法律援助"绿色通道"。法律援助机构对农民工申请支付劳动报酬和工伤赔偿等事项给予帮助。

山东：乳山市18家欠薪企业被清出建筑市场

日前记者从山东省乳山市建设局了解到，今年以来，乳山市先后对拖欠农民工工资并造成恶劣影响的18家建筑企业进行处理，其中8家外地建筑企业自3月1日起不得在乳山辖区内承接任何工程，责令清出乳山建筑市场，10家本地建筑企业自2007年3月6日起被停止两个月的招投标资格，并给予不良行为记录一次的处罚。

这18家建筑企业存在不按合同约定支付劳务工资，不履行企业管理责任，将工程肢解转包给"包工头"，而"包工头"又存在转包、非法分包等违法违规现象，导致多起农民工群体上访、重复上访等事件，严重扰乱了建筑市场秩序。乳山市建设局规定，对恶意拖欠民工工资并造成社会影响的建筑企业，实行一票否决制，坚决清出乳山建筑市场。

近日，乳山市做出规定，今后，凡是外地进入乳山市的施工企业，在进入时必须交纳60万元农民工保障金，作为农民工工资支付保障金。同时，对被通报和通报批评的施工企业以及外地进入乳山市施工的企业，进行定人定时跟踪监控，以防止发生新的拖欠农民工资行为。

青海：对8家欠薪建筑施工企业给予通报批评

近日，青海省建设厅向全省发出通报，对太平洋建设集团有限公司等8家欠薪建筑施工企业给予通报批评，并将其拖欠农民工工资情况与企业业绩考核挂钩，记入企业信用档案。

这8家企业是：太平洋建设集团有限公司、青海安东建筑有限公司、青海首钢建设工程有限公司、武汉建工第一建筑有限公司、中国葛洲坝水利水电工程集团有限公司、福建天翔建设工程有限公司、平安鹏源建筑有限公司、青海宏胜建筑安装工程有限公司。

该省建设厅要求，各施工企业要以此为鉴，加强劳动合同管理，建立劳务人员档案，规范工资支付行为，施工总承包企业对所承包工程的农民工工资支付全面负责，用工企业对农民工工资支付直接负责，确保农民工工资按时足额发放给本人。

美国科罗拉多峡谷悬空玻璃桥开放

美国科罗拉多峡谷悬空玻璃桥近日开放，此桥建在距谷底1158米高空，由美国华裔企业家金鹉构思，耗资4100万美元，号称"21世纪世界奇观"。

天空玻璃走廊建于西大峡谷悬崖，海拔高达4000呎，阔10呎、呈U形的透明玻璃观景台，远看像大马蹄，伸出悬崖边70呎。西大峡谷景区入场费近50美元(包自助午餐及多个华来派族景区)，要亲身踏足走廊需多付25美元，旅客会获赠一双保护鞋，以免刮花2.8吋厚玻璃地板。桥面人行道宽约10英尺，由3英寸厚的强化玻璃制造，两边由5英尺高的玻璃幕墙封闭起来。桥上层的玻璃部分可以更换，游客不会因为玻璃墙刮花而影响观赏效果。走廊的设计虽可承受71架载满乘客的波音747的重量，亦可抵得住大地震和飓风，但规定每次只可让120人同时踏足。

据悉，兴建悬空廊桥是工程技术的一大挑战。为了使它能够承受时速高达160公里的强风，工程人员将94根钢柱打进石灰岩壁作为桥墩，并深入岩壁达14米。此外，该廊桥还特别加装了3个钢板避震器，每个避震器重为1500公斤。因此，悬空廊桥可支撑70吨重量，也耐得住规模达里氏8级的地震。

当地逾30间公司已率先推出走廊旅游套餐，为缓解当地交通，大峡谷机场斥资4500万美元进行扩建，计划包括兴建一条可供喷射机或大型客机降落的新跑道。走廊稍后又会增设一个6000平方呎的游客中心，设施包括博物馆、影院、VIP休息室、礼品店，及一个附设可眺望大峡谷的露台及独立房间的高级餐厅。大峡谷一带亦会扩阔道路，供更多旅游车前来；并计划兴建一间度假式酒店。